养殖致富攻略·一线专家答疑丛书

兔病防控关键技术有问必答

王孝友　杨　睿　主编

中国农业出版社

内容提要

本书以问答的形式阐述了兔病防控基本知识以及兔传染病、普通病、产科病、中毒病、维生素和微量元素缺乏疾病的病因、症状以及防控方法。

本书有关用药的声明

随着兽医科学研究的发展、临床经验的积累及知识的不断更新，治疗方法及用药也必须或有必要做相应的调整。建议读者在使用每一种药物之前，参阅厂家提供的产品说明书以确认推荐的药物用量、用药方法、所需用药的时间及禁忌等，并遵守用药安全注意事项。执业兽医有责任根据经验和对患病动物的了解决定用药量及选择最佳治疗方案。出版社和作者对动物治疗中所发生的损失或损害，不承担任何责任。

中国农业出版社

编写人员

主　　编　王孝友　杨　睿
副 主 编　杨　柳　徐登峰
　　　　　沈克飞
编写人员　王可甜　王孝友
　　　　　付利芝　李成洪
　　　　　杨　柳　杨　睿
　　　　　杨松全　杨金龙
　　　　　沈克飞　张邑帆
　　　　　张素辉　陈春林
　　　　　周　雪　周淑兰
　　　　　郑　华　徐登峰
　　　　　曹国文　曾　秀
　　　　　翟少钦　许国洋
　　　　　朱买勋

前言

随着我国经济的不断发展和人民生活水平的提高，国家对农业产业结构进行了调整，促进农村经济快速发展、增加农民经济收入、解决“三农”问题成了当务之急。我国人多地少，发展节粮型草食牲畜对发展农村经济、改善人们的膳食结构、拓展国际贸易都具有十分重要的意义。养兔业是一项投资少、见效快、经济效益高的家庭养殖业。我国广大农村草资源丰富，劳动力丰富，养兔成本低，发展养兔业是增加农民收入的好渠道，同时也是解决就业的好门路。

近年来，国内的养兔业发展迅猛，以龙头企业带动养殖户为发展模式，开始向规模化、集约化、工厂化、兔肉深加工及产品出口贸易方向发展，为社会提供了大量的兔肉、兔毛和兔皮，总体发展形势尽管较好，但是，由于养殖数量增加、集约化程度提高，兔病防治工作的重要性愈发显现。很多养兔户、兔场对兔病防控意识不够，或者技术措施不当，导致疫病流行，经济损失巨大。编者在兔病防控研究工作中接触了大量的养殖户，他们都说兔子难养，容易生病，提出了很多养兔生产中遇到的具体问题，现将这些问题予以整理，根据我们临床实践经验，同时参考一些养兔专家、兔病研究专家的资料，作出了回答，以供养兔户、基层畜牧兽医技术人员和畜牧兽医专业的学生参考。

由于我们的知识水平、临床实践经验有限，书中难免有疏漏之处，敬请广大读者和同行给予批评指正。

编　者

2016 年 6 月

目录

第一章　兔病防控基本知识

1. 家兔有哪些生物学特性？

（1）夜行性　家兔白天休息，夜晚活动频繁，这种习性是在野生兔时期形成的。因为野生兔体格小，御敌能力差，在当时的生态条件下，被迫白天躲避在洞穴中，夜间外出活动觅食，长期以来，由于“适者生存”，就形成了昼伏夜行的习性。因此，家兔夜间很活跃，白天很安静，除采食外，常常在笼内闭目睡眠或休息。家兔在夜间的采食和饮水量占全日量的3/4。根据兔的这一习性，应当进行合理地饲养管理，晚上应多供给饲草、饲料，保证饮水，白天应多让兔休息。

（2）嗜眠性　家兔在一定条件下白天很容易进入睡眠或困倦状态，在此状态下，除听觉外，其他刺激不易引起兴奋，视觉消失，痛觉迟钝。这一习性的形成与兔在野生时昼伏夜出有关。了解这一习性对养兔生产具有重要的指导意义。在日常管理中，应保持兔场及周围环境的安静，白天不要妨碍兔的睡眠。

（3）胆小怕惊　兔在弱肉强食的大自然环境下能生存下来，不仅因为它的繁殖能力强、打洞穴居、昼伏夜出，而且还依靠它发达的听觉和迅速逃跑的能力，以逃脱猛兽、猛禽的追捕。兔耳朵长大，听觉灵敏，能转动并竖立收集各方的声音，以便逃避敌害。兔胆小，遇有敌害时，能借助敏锐的听觉作出判断，并借助弓曲的脊柱和发达的后肢迅速逃跑。在家养条件下，突然有声响，兔会立即竖耳、顿足、撞笼，在笼中乱跑、惊恐不安。兔在白天一般都很安静，因此，在饲养管理中，应尽量减少噪声，防止生人或其他动物进入兔舍，以免兔受惊吓，造成应激。

（4）喜清洁爱干燥　兔喜欢清洁、干燥的环境，兔舍内的相对湿度在60%～65%最适宜。潮湿、污秽的环境是传染性病原孳生的有利条件，此时兔的抵抗能力差，容易发病，如真菌病、球虫病、腹泻病等。因此，在兔场建筑和日常管理工作中，应考虑兔舍环境的清洁、干燥。

（5）群居性差，同性好斗 家兔群居性很差，群养时同性别的成年兔常发生斗殴现象，特别是公兔。在管理上应将成年兔单笼饲养。

（6）啮齿行为 兔的第一对门齿是恒齿，且不断生长，为避免不断生长而影响觅食，兔必须借助采食和啃咬硬物，不断磨损。因此，在日常管理中应在兔笼内投放一些树枝，将饲料压成颗粒料，满足兔磨牙的需要。

（7）穴居性 兔具有打洞的习性，打洞的目的主要是为了繁殖后代和逃避敌害。在规模化饲养条件下，应限制兔的这种习性，给繁殖母兔准备一个产仔箱，使其在箱内产仔。在选择建筑材料和兔舍建设时应特别注意，以免兔在舍内乱打洞，不便管理。

2. 家兔的饲养管理与疾病的发生有何关系？

（1）科学地配制日粮，可以使兔长得快，减少疾病的发生 要养好兔，必须科学地配制日粮，喂全价饲料。饲料中营养物质的种类、数量和比例是否符合家兔的生理特点和满足营养需要，对养好兔关系重大。如果日粮中某些营养成分缺乏、或搭配不当，就不能满足家兔的生长发育需要，其抵抗力下降，容易引发疾病。

（2）饲料搭配多样化，避免造成营养缺乏症 家兔生长快，繁殖率高，体内代谢旺盛，且肉、皮、毛、奶都含有丰富的营养物质，因此，需要从饲料中获得各种养分才能满足营养需要。如果家兔长期饲喂单一饲料，容易患营养缺乏症。例如，长期不喂青草，易患维生素缺乏症，兔生长发育不良，种兔出现繁殖障碍等现象。

（3）以青料为主，精料为辅，减少胀气和腹泻病的发生 家兔是草食动物，其发达的盲肠是草料消化的主要场所。以草为主，精料为辅，是饲喂草食动物的一个基本原则。家兔能采食占体重10%～30%的青草量，利用植物中的粗纤维。精料的补充量，应根据生长、妊娠、哺乳等生理阶段的营养需要，每天添加50～150克。如果精料

添加过多，盲肠中的微生物利用精料大量发酵，可导致胀气、腹泻，甚至死亡。

（4）保证饲料的品质，科学地进行调制，防止疾病的发生 切实把握“病从口入”关。按照兔的消化特点和饮料特性进行科学调制，做到洗净、晾干、切细、调匀，提高食欲，促进消化。

①下列情况慎喂：带雨水、露水、含水分高的草应晾干后再喂；有异味的饲料不可多喂；牛皮菜不能长期单独喂，因其草酸含量高，易造成缺钙，尤其对怀孕兔和哺乳兔不宜喂。

②下列情况不能喂：污浊的饮水；发霉、变质、有毒的饲料（包括有毒植物和施过农药的青饲料）；带有冰冻、泥沙、尖刺的草；用鲜兔粪施肥而收割的青饲料；混有兔毛、兔粪的饲料；发芽的土豆及土豆秧；带黑斑的红薯；易膨胀的饲料未经浸泡 12 小时；煮熟后 5 小时内的甜菜。

（5）更换饲料，要由少到多逐渐过渡，不能突然更换，以免发生消化道疾病 饲料要保持相对稳定，夏季以青绿饲料为主，冬季以干草和块根饲料为主。当季节变换，需要更换饲料时，应逐渐过渡，先更换 1/3，过两天再更换 1/3，再过两天全部更换，一般在 1 周内换完，使兔的消化机能逐渐适应更换的饲料条件。如突然更换饲料，易引起兔食欲下降、伤食或胀气、腹泻。

（6）饲喂定时定量，应添夜草，防止暴饮暴食，以免发生消化道疾病 “定时”就是每天饲喂的次数和时间固定，使兔养成每天定时采食和排泄的习惯。饲喂时间一般为早、晚各一次，夜间添加一次青草，但幼兔的饲喂次数要多些，每次饲喂的量要少些。“定量”就是根据兔的营养需要与季节特点，确定每天和每次的喂量。家兔比较贪食，如不定量，常常会导致饥饱不均、过食（特别是适口性好的饲料），过食常常引起胃肠机能障碍，发生胀气、腹泻。喂量的多少，应根据兔的品种、体型、生理时期、季节、气候以及兔的采食和排粪情况来决定。一看体重大小，体重大的多喂，体重小的少喂。二看膘情，膘情好、肥度正常的兔少喂，瘦弱的兔多喂。三看粪便，粪便干涸，要多喂青绿饲料或增加饮水量，粪便湿稀则少喂青绿饲料，减少饮水量，并减少精料，投药治疗。四看饥饱，一般喂七八分饱为宜。

五看天气，冷天多喂；热天多喂多汁料，喂凉水，增进食欲；气候突变时少喂。家兔有昼伏夜行的特点，晚上采食量占全天食量的70%，饮水量为60%，晚上要多喂，添加夜草，白天少喂，让兔充分休息。但幼兔应保持白天和夜间均衡的采食量。

(7) 供给清洁的饮水是兔健康的保证 家兔的饮水应消毒，保证清洁卫生，矿物质含量不能超标，防止饮用不符合饮用标准的水而引起发病。家兔最好让其自由饮水，一般生长旺盛的幼龄兔、妊娠母兔、母兔产子前后、夏季、喂干饲料、喂含粗蛋白和粗纤维及矿物质含量高的饲料等，饮水量较大。冬季在寒冷地区最好喂温水，以免发生胃肠炎。

(8) 保持兔舍清洁卫生和干燥，防止病原微生物感染 家兔抗病力差，喜欢清洁干燥的环境。在日常饲养管理中，每天应打扫兔舍、兔笼，清理粪便，洗刷饲具，勤换垫草，定期消毒，减少病原微生物孳生繁殖。这是增强兔的体质、预防疾病必不可少的措施。

(9) 保持环境安静，减少骚扰，以免发生应激反应 兔胆小怕惊，在管理上动作要轻微，保持环境安静，防止猫、狗、鼬、鼠、蛇进入，以免发生不良的应激反应。

(10) 兔舍应防暑、防潮、防寒 家兔怕热，夏季应防暑，兔舍周围须多植树。兔怕潮湿，雨水季节湿度大，是疾病的多发季节，死亡率高，兔舍应注意防潮。冬季寒冷，对仔兔威胁大，要注意防寒。

(11) 对兔分群管理 为了保证兔的健康，便于管理，兔场所有的兔都应按品种、年龄、性别、大小进行分群饲养，以免发生打架、抢食、乱配等现象。

(12) 注意运动，增强对疾病的抵抗力 运动能促进家兔新陈代谢，增进食欲，增强抗病力；也能使家兔晒到阳光，促进维生素D的合成，有利于钙、磷的吸收利用，避免发生软骨病；减少母兔空怀和死胎率，提高产仔率。

3. 家兔的食性和消化特点与疾病有何关系?

(1) 草食性和耐粗饲性 兔是单胃动物，上唇纵向裂开，裸露门齿，适宜采食地面的矮草，啃咬树枝、树皮、树叶等；同时兔还有发

达的盲肠，其中含有大量的有益微生物，起着“发酵罐”的作用，有利于粗纤维的消化。兔的这些特点就决定了其草食性和耐粗饲性。兔对食物具有选择性，喜欢吃植物性饲料而不喜欢吃动物性饲料。在饲草中，喜欢吃豆科、十字花科、菊科等多叶性植物，不喜欢吃禾本科（如稻草类）。喜欢吃多汁、幼嫩的植物；喜欢吃含有植物油的饲料和有甜味的饲料；喜欢吃颗粒料而不喜欢吃粉料。根据这一特点，在饲养过程中应当以草料为主，精料为辅，精料应是颗粒料，这样可以减少消化系统疾病的发生。

（2）食粪性　兔有食自己软粪的特性。兔排两种粪便，在白天排颗粒样的硬粪，夜间排团状的软粪。排软粪时，兔直接用嘴在肛门处采食。软粪中含有丰富的营养物质和有益微生物，兔吃软粪有助于营养物质的再吸收利用，同时有助于维持肠道的微生态平衡，帮助消化，以免患消化道疾病。

4. 家兔换毛是疾病吗？

家兔的被毛都有一个生长、老化、脱落、并被新毛替换的过程，这种现象称为换毛，是正常的，不是疾病。家兔换毛分年龄性换毛和季节性换毛。家兔一生中年龄性换毛有 2 次，第一次换毛约在出生后 30 日龄开始到 100 日龄结束；第二次换毛约在 130 日龄开始到 190 日龄结束。季节性换毛是一年的春、秋两季的两次换毛，春季换毛在 3～4 月份，秋季换毛在 8～9 月份。

5. 家兔的正常生理常数是多少？

正常情况下家兔的体温是 38.5～39.5℃，平均 39℃；呼吸是50～80 次/分，平均 65 次/分；脉搏是 120～150 次/分，平均 135 次/分。

6. 如何识别健康家兔和发病家兔？

（1）观察家兔的精神状态　最好经常在夜晚观察家兔，健康家兔十分活跃，两眼炯炯有神，行动敏捷，反应迅速，轻微的响声便会使其立即抬头并两耳竖立，跺后脚。病兔则精神沉郁，行动迟缓，躲在兔笼一角或卧倒。

（2）观察、触摸家兔的体表 健康家兔躯体匀称，皮肤结实、致密而有弹性、红润而光滑干净，腹部柔软并有一定弹性；肌肉结实；被毛平顺密集、柔软光亮；鼻镜湿润。病兔身体消瘦，骨骼显露，被毛蓬乱、缺乏光泽，不按换毛季节进行换毛；触摸腹部时兔出现不安、腹肌紧张且有震颤等情况，多见于腹膜炎；而腹腔积液时，触摸有波动感；胀气时，腹围增大。

（3）观察采食情况 健康家兔食欲旺盛，采食速度快；病兔食欲不振，采食速度慢或拒食。

（4）观察粪便和尿液 健康家兔的粪便呈颗粒状，椭圆形，大小均匀，表面圆润光滑；尿清无色。病兔的粪便为干硬细小的粪粒，或表面带黏液，呈串珠状；或呈粥样，有时混有血液、气泡，并散发腥臭味；或呈果冻样；尿液混浊，呈黄色或红色等。

（5）测量体温、脉搏、呼吸 体温测定一般采取肛门测温法，健康家兔正常体温为38.5～39.5℃，而且幼兔体温高于成年兔，成年兔高于老年兔。如果体温升高到41℃，则是患急性、烈性传染病的表现；濒临死亡时体温可降到36℃以下。家兔脉搏多在大腿内侧的股动脉上检测，也可直接触摸心脏。健康兔每分钟的脉搏数为120～150次。脉搏数增加是热性病、传染病的表现。健康兔呈胸腹式呼吸，呼吸次数为每分钟50～80次。病兔呼吸次数增加或减少，呼吸时会出现异常声音。当出现胸式呼吸时，说明病变在腹部，如腹膜炎；出现腹式呼吸时，说明病变在胸部，如胸膜炎。

7. 养兔的常见错误有哪些？

（1）偏喂精料 兔偏喂精料，易导致肠炎，因剧烈腹泻而死亡。过量的精料在盲肠内被分解、发酵成大量的有机酸，破坏了微生物正常的弱碱性环境，造成菌群生态平衡失调。

（2）用整粒谷物代替颗粒饲料 用颗粒饲料喂兔效果很好，但颗

粒饲料目前在农村尚未普及，因此一些农户就用整粒谷物代替颗粒料饲喂，这种喂法并不科学。谷物整粒饲喂，相当一部分没有得到充分咀嚼就进入胃肠，减少了与消化液的接触面积，使之不能完全被消化吸收就进入盲肠，并在盲肠内异常发酵，使有害细菌产生肠毒素，导致腹泻或肠炎的发生。

（3）乱用抗生素　有些养兔场或农户为防治兔病，常在饲料里添加土霉素、痢菌净、庆大霉素等抗菌类药物。这种做法对兔有害无益，很不科学。家兔是草食动物，食进的饲草主要靠肠道内各种微生物的活动将其中的纤维素分解吸收。当给兔加喂抗生素后，其肠道内的大量有益微生物被抑制或被杀灭，同时又使肠道内的致病菌特别是大肠杆菌、沙门氏菌产生较强的抗药性，并大量繁殖。久而久之，兔一旦发病，会给治病带来困难。

（4）疫苗冷冻保存　有些人不懂得疫苗保存方法，常将购回的疫苗放入冰箱的冷冻室中贮存，疫苗结冰，这样保存的疫苗，往往失去免疫效果。正确的做法是：除弱毒活疫苗和水痘疫苗应冷冻保存外，其他多数疫苗应在购回后不开包装，在4～8℃冰箱或常温遮光条件下保存，保存期只有半年。

（5）用药不当或乱用药物　目前，农村有很多养兔户治疗兔疥癣仍用肥皂洗涤患部，然后用敌百虫液擦洗。殊不知，这种做法对兔很危险。原因是肥皂属碱性，与敌百虫液相遇会产生类似敌敌畏的毒性作用，极易引起兔中毒。正确的方法是，在用肥皂水洗涤患部后，需用清水冲洗，并用布擦干，再涂以敌百虫药液。

8. 如何正确地捉兔？

捉兔时，应先用手抚摸兔头部，使兔安静，一只手抓住两耳和与两耳相连的颈部皮肤将兔提起，另一只手托住兔的臀部，兔的重力在托手之上，见图1-1。不许只抓兔的两耳提起，因为耳部是软骨，不能承受全身重量，而且耳部的血管、神经很多，易引起耳根损伤，单耳或两耳下垂。抓兔时，不允许动作粗暴，惊吓，强行硬拉，以防止抓伤人或使怀孕母兔流产，也不允许拖两后肢及拎腰部，见图1-2。

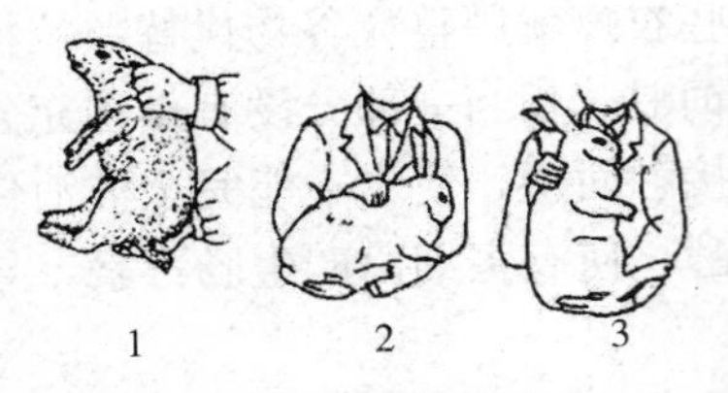

图 1-1　正确的捉兔法

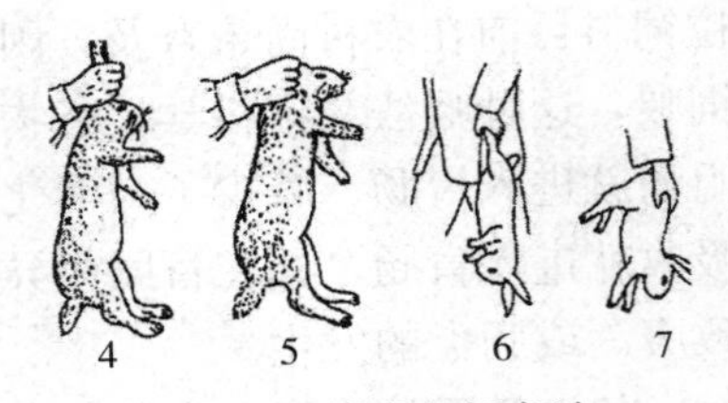

图 1-2　错误的捉兔法

9. 如何保定兔？

(1) 徒手保定法　徒手保定法可分为以下几种：

①按捉兔法慢慢接近兔，轻轻抚摸兔头部和背部，待兔静卧后，用一只手连同两耳或不带耳将颈背部皮肤大把抓起，另一手随即置于股后托住兔的臀部以支持体重，或抓住臀部皮肤和尾，将兔头朝上置于胸前，还可使兔腹部向上。此法适用于头部、腹部、四肢等处疾病的诊治和兔的搬运，见图 1-3。

②一只手的虎口与兔头方向一致，大把抓住兔两耳和颈背侧皮肤，将兔提起置于另一手臂与身体之间，该手上臂与前臂成 90°角夹住兔体，手置于兔的股后部以支持体重。此法适用于兔的搬运、后躯疾病诊治及体温测量和肌内注射等。这样从腋下露出兔的口、鼻，也适用于口、鼻检查和采样等，见图 1-4。

图 1-3　徒手保定法①

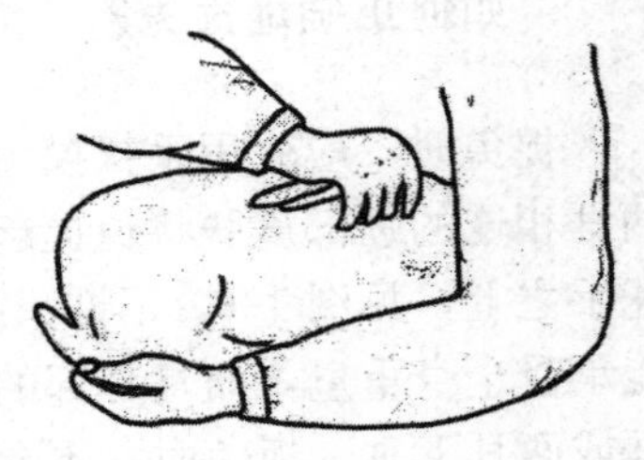

图 1-4　徒手保定法②

③用一只手抓住兔的颈背部皮肤，另一只手抓住臀部皮肤和尾，使兔伏卧于一台面上。适用于体躯疾病检查和处置，也可用于体温检测和多种注射等。此法还可一手抓住颈背部皮肤，另一只手抓住两后肢，使兔仰卧于台面上，以便作腹腔注射和乳房及四肢的检查。

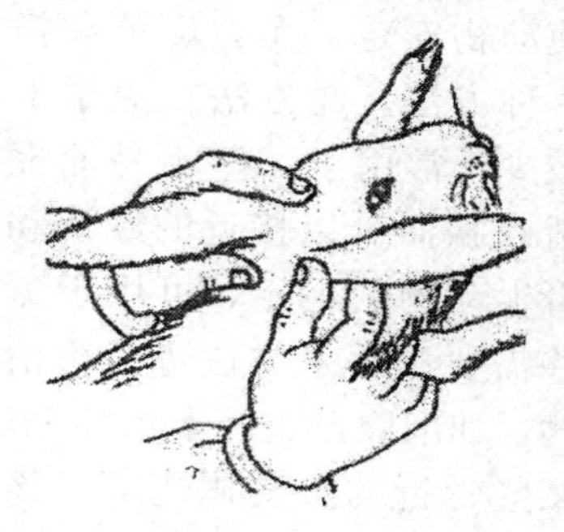

图 1-5　徒手保定法③

④将兔放于台面上，两手从后面抱住兔头，以拇指和食指固定住耳根部，其余三指压住前肢，使兔得以固定。此法适用于耳静脉注射和头部检查，见图 1-5。

（2）器械保定法

①包布保定法　用一边长为 1 米左右的正方形或三角形布块，在其一角缝上两根 30～40 厘米长的带子，做成保定用包布。保定时将包布铺开，把兔置于包布中央，折起包布包裹兔体，使兔两耳及头部露出，最后用带子围绕兔体打结固定。此法适用于耳静脉注射和经口给药等。

②手术台保定法　按徒手保定法③使兔仰卧于小动物专用手术台上，用绳带分别捆绑四肢，使其分开并固定于手术台上，用兔头夹固定头部。此法适用于兔的阉割、乳房疾病治疗、腹部手术等，见图 1-6。

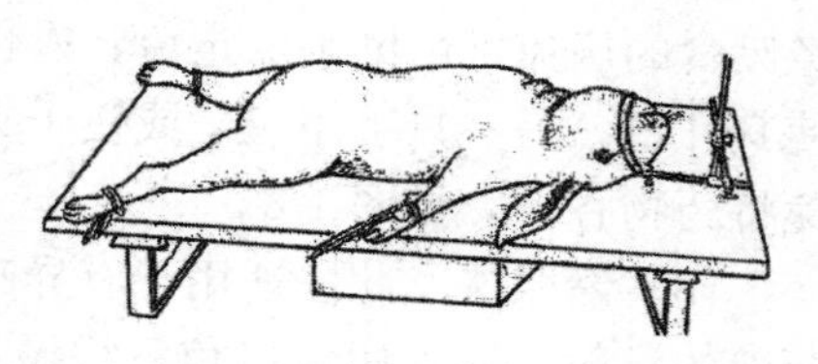

图 1-6　手术台保定法

③保定盒保定法　保定盒分外壳与内套两部分，保定时稍拉出内套、开启后盖，将兔头向内放入，待兔从前端内套与外壳之间的空隙中伸出头时，立即向内推进内套，使正好和外壳卡住兔颈部，以兔头不能缩回盒内为宜，并拧紧固定螺丝，装好后盖。此法适用于耳静脉注射、灌药及头部疾病的治疗等，见图 1-7。

（3）药物保定法　药物保定又称为化学保定，是通过使用某种镇静剂、肌肉松弛剂或麻醉药等，使动物安定、无力反抗和挣扎的一种方法。此方法在兔子上使用较少，常用于一些不易捕捉或性情凶猛而难以接近的经济动物或野生动物的保定，可用于兔子某些需要以手术方法进行诊治的疾病，如剖腹产、手术治疗毛球病、某些骨折的整复固定等。该方法常常还需其他保定方法的配合。

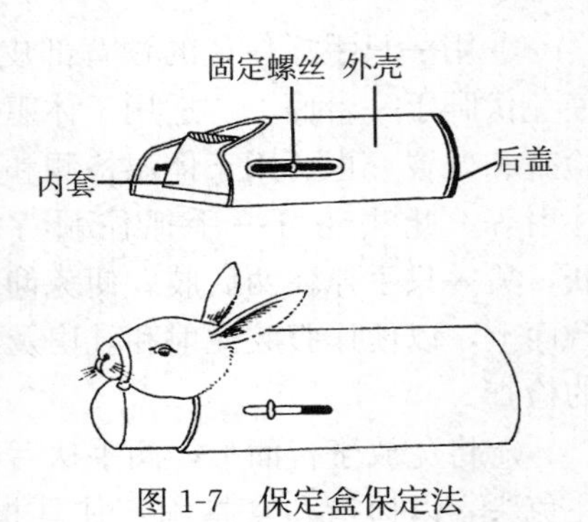

图 1-7　保定盒保定法

10. 怎样给兔饲喂药物？

（1）自行采食法　此法适用于病轻仍有食欲、饮欲的兔。食用的药物毒性小，无不良气味。根据药物的稳定性和可溶性，按照使用比例拌料或加入饮水中，让兔自然采食或饮水，在饮水投药前最好停止饮水 2 小时。兔大群用药前，最好先做小批毒性及药效试验。

（2）投服法　此法适用于药量小，有异味的片剂、丸剂药物，已经废食的病兔。由助手保定兔，操作者一手固定兔头部并捏住兔面颊使其开口，另一只手用镊子或筷子夹取药片或药丸，送入会厌部，使兔将药物吞下，见图 1-8。

（3）灌服法　此法适用于有异味的药物和已废食的病兔。将吸有药液的注射器插入病兔口角，缓慢将药液注入口腔，使兔自行吞咽。也可用滴管或吸耳球灌药，还可将药物碾碎，加水调匀，使兔嘴张开，用汤匙灌入，见图 1-9。

图 1-8　投服给药法

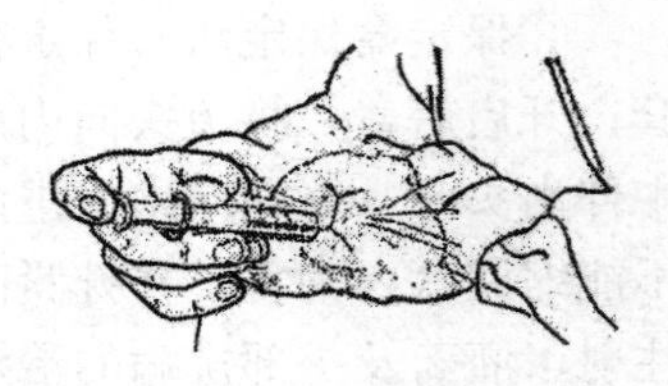

图 1-9　灌服给药法

（4）胃管投药法　此法适用于药液量大，有异味及刺激性的药。助手保定兔，在其门齿后缘放置开口器，操作者将胃管沿上颚后壁缓慢向咽部插入，待有吞咽动作时，趁机送入食管并继续插入胃内。检查确实后，在胃管上端接注射器，注入药液，最后用少量的水冲洗，注射过程中应注意避免注入空气，见图 1-10。

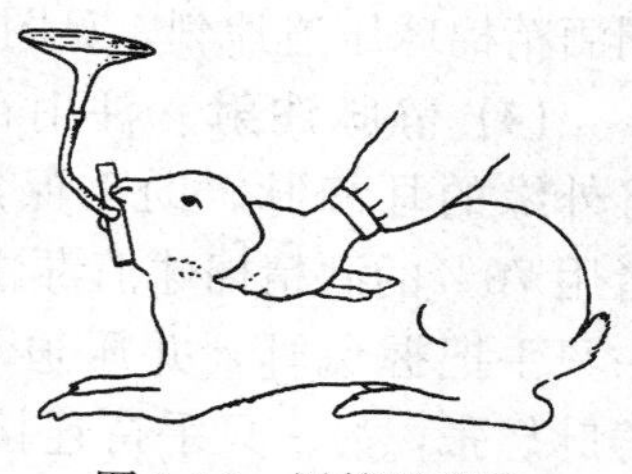

图 1-10　胃管投药法

11. 怎样给兔注射药物？

注射给药时应先对注射器和针头进行煮沸消毒，对注射部位剪毛，用 70%的酒精棉球消毒。最常用的是皮下注射、肌内注射、静脉注射。注射部位见图 1-11。

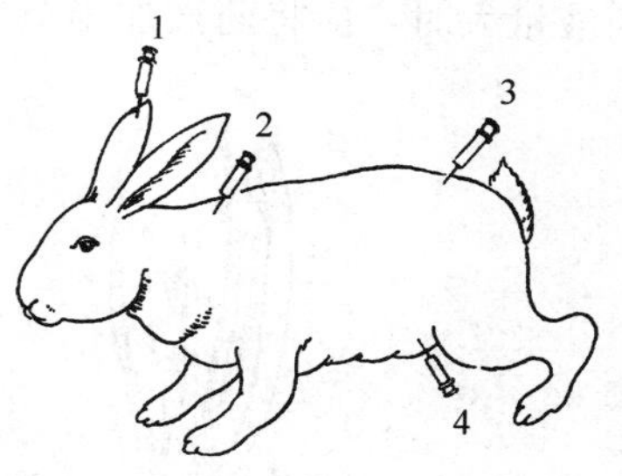

图 1-11　注射部位
1. 静脉注射　2. 皮下注射
3. 肌内注射　4. 腹腔注射

（1）皮下注射　选择颈部、肩部、腋下、股内侧或腹下皮肤薄、松弛易移动的部位，局部剪毛，用 70%的酒精棉球消毒，一只手拇指、食指和中指将皮肤提起，捏成三角形，另一只手沿三角形基部几乎与兔体保持水平，将针头迅速刺入皮下约 1.5 厘米，注入药液，取出针头，用 70%的酒精棉球压迫片刻。

（2）皮内注射法　通常在腰部或肷部进行。局部剪毛消毒后，将皮肤展平，针头与皮肤呈 30°角刺入真皮，缓慢注射药液。注射完毕，拔出针头，用酒精棉球轻轻压迫针孔，以免药液外溢，注意每点注射药量不超过 0.5 毫升，推药时感到阻力大，在注射部出现一小丘疹状隆起为正确。

（3）肌内注射　选择臀部或大腿部肌肉丰满处。局部剪毛消毒后，针头垂直于皮肤迅速刺入一定深度，稍回抽无回血后，缓慢注射药液。注意不要损伤大的血管、神经和骨骼。注射结束后拔出针头，用酒精棉球压迫片刻，见图 1-12。

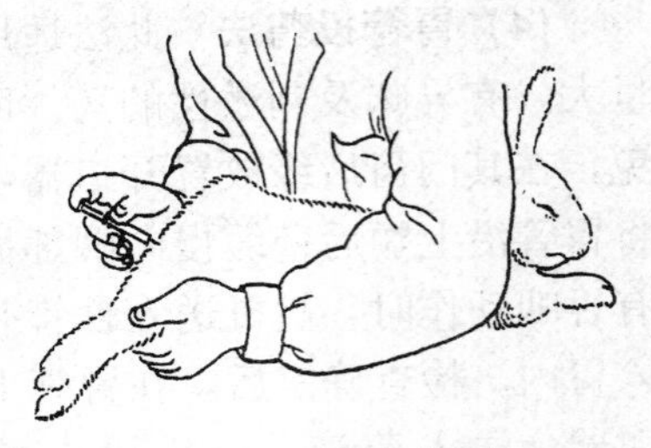

图 1-12　肌内注射

（4）静脉注射　注射部位在两耳外缘的耳静脉。助手保定兔，术者用 70％的酒精棉球消毒注射部位，一只手把握兔耳，并压迫耳根部使静脉怒张，另一只手持连接 3～7 号针头的注射器，使针头斜面向上，与皮肤呈 30°角刺入皮肤和血管，再与血管平行稍向前推，见回血后再缓慢注射药液。若不见回血，应轻轻移动针头或重新刺入，必须见到回血方可注射药液。注射时应避免注入气泡。注射完毕拔出针头，用酒精棉球压迫片刻。注射时，如发现针头接触处皮下有凸包或感觉有阻力，应拔出针头重新注射。注射药液量大时，应将药液加温至 37℃，见图 1-13。

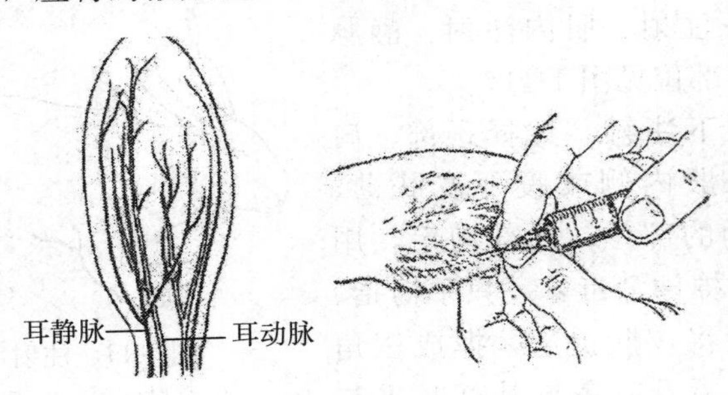

图 1-13　静脉注射法

（5）腹腔注射　主要用于补液。兔仰卧保定，注射部位选在脐后部腹底壁，偏腹中线左侧 3 毫米处。剪毛消毒后，抬高兔后躯，对着脊柱方向刺针，回抽注射器活塞，无气体、液体或血液后注药。刺针不宜过深，以免损伤内脏。当兔胃和膀胱空虚时注射较好。药液应加温至 37℃。

（6）气管内注射　注射部位在颈上 1/3 正中线上。剪毛消毒后，垂直进针，刺入气管后阻力消失，回抽有气体，然后缓慢注药。气管注射时药液要加温至 37℃，每次用药剂量不宜过多。药液应为可溶性，容易吸收。

12. 兔发生传染病时，有哪些基本处理事项？

（1）隔离　兔发生传染病时，应立即将病兔与健康兔隔离，尽快确诊，如果是烈性传染病，应全场封锁，并上报疫情，迅速采取扑灭措施。停止出售或外调兔，谢绝参观，饲养员不得串岗，严禁车辆出入。

（2）消毒　先将病死兔和无治疗价值的兔、污染物、粪便、垫草、剩余饲料等烧毁或深埋，再对场地、兔笼、用具、衣服等进行消毒。待病兔治愈或全部处理完毕，全场经过严格的大消毒后15天，再无疫情发生时，再大消毒一次，才能解除封锁。

（3）紧急防治　对健康兔和有治疗价值的兔采取紧急预防接种，用抗生素或磺胺类药物进行预防或治疗。

（4）注意饮食卫生　发生传染病后对健康兔和有治疗价值的兔应加强饮食卫生管理，饮水用漂白粉消毒，或改饮0.1%高锰酸钾水，饲草用0.1%高锰酸钾溶液消毒、晾干，饲料要妥善保管，防止污染。

13. 什么是免疫接种？家兔常规的免疫接种方法有哪些？免疫接种时的注意事项有哪些？

免疫接种是用人工的方法将疫苗注入家兔体内，激发兔体产生特异性抗体，使家兔对病原体产生特异性的抵抗力，从而避免传染病的发生和流行。采取免疫接种的方法是预防和控制家兔传染病的一种极为有效的措施。家兔常规的免疫接种方法是皮下注射。进行免疫接种时应注意：

（1）注射器和针头要消毒。常用的是煮沸消毒法。

（2）注射部位要消毒。局部剪毛后，先用碘酒棉球消毒，再用酒精棉球消毒。

（3）进针不要过深，以免伤及颈椎。

（4）注射时药液不能漏出，确保剂量准确。药物注射完毕，注射部位应凸起一个小包。

（5）一兔一针。每注射一只兔更换一个针头，以免病原传染。

（6）检查疫苗。要使用农业部指定的正规生物药品厂家生产的疫苗。要检查疫（菌）苗是否在有效期内，包装有无破损，瓶口、瓶盖是否封严。过期、破损和瓶口封不严的均不得使用。疫苗不得有霉菌生长，灭活疫苗保存时应在4～8℃，不能冰冻保存。灭活疫苗使用前应摇匀，不能有大的组织块或其他不易摇散的块状物。

（7）新打开的疫苗应尽快使用完，最好在当天用完，没用完的疫苗应废弃。

（8）疫苗注射完毕应逐一观察兔，看是否有不良反应，如有不良反应，应立即处理。

14. 家兔免疫接种后常见的不良反应有哪些？如何处理？

家兔免疫接种后一般不出现明显的反应，极少数兔接种后可出现热反应，一般是轻度发热，可持续短时间，有时兔出现食量下降，不愿活动的现象，个别母兔可能流产。注射局部可有轻度红肿现象。这些轻微的反应一般不需要处理，但在免疫接种期间，可适当补充微量元素和多种维生素，以抗应激。如果极个别的兔出现严重的过敏反应，可注射抗过敏药，如肾上腺素。

15. 家兔常用的疫苗有哪些？怎样使用这些疫苗？

家兔常用的疫苗有：兔瘟组织灭活疫苗，巴氏杆菌灭活疫苗，魏氏梭菌灭活疫苗，兔瘟—巴氏杆菌二联灭活疫苗，兔瘟—巴氏杆菌—魏氏梭菌三联灭活疫苗。使用方法见表1-1。

表1-1　家兔常用疫苗的使用方法

疫苗名称	预防的疾病	使用方法	免疫期
兔瘟组织灭活疫苗	兔瘟	断奶日龄以上的兔每只皮下注射2.0毫升，每年注射2～3次	4～6个月

（续）

疫苗名称	预防的疾病	使用方法	免疫期
巴氏杆菌灭活疫苗	巴氏杆菌病	30日龄以上的兔，每只皮下注射1.0毫升，每年注射2～3次	4～6个月
魏氏梭菌灭活疫苗	魏氏梭菌病	26日龄以上的兔，每只皮下注射2.0毫升，每年注射2～3次	4～6个月
兔瘟—巴氏杆菌二联灭活疫苗	兔瘟、巴氏杆菌病	断奶日龄以上的兔，每只皮下注射2.0毫升，每年注射2～3次	4～6个月
兔瘟—巴氏杆菌—魏氏梭菌三联灭活疫苗	兔瘟、巴氏杆菌病、魏氏梭菌病	断奶日龄以上的兔，每只皮下注射2.0毫升，每年注射2～3次	4～6个月

16. 家兔常用疫苗的运输和保存有哪些注意事项？

疫苗运输时应注意包装严密，尽量缩短运输时间，使用正规疫苗运输工具，或装入有冰决的保温瓶或桶内将疫苗运到目的地，途中避免日晒或其他高温。兔用疫苗一般是灭活疫苗，通常保存在4～8℃的普通冰箱，应避免结冰。

17. 如何识别兔瘟疫苗的好坏？

（1）仔细看瓶签　疫苗应是农业部指定的正规生物药品厂生产的，有正规的批准文号、生产日期和有效期，疫苗应在规定的有效期内。

（2）观察疫苗的外观性状　兔瘟疫苗是组织灭活疫苗，静置观察，上层是液体，下层是沉淀，不应有霉菌生长。轻轻振摇，呈均匀混浊，不应有较大的组织块或其他异物，注射时不应堵塞针头。

18. 怀孕母兔可以注射疫苗吗？

一般情况下，不主张给怀孕母兔注射疫苗，虽然兔用疫苗是灭活疫苗，对怀孕母兔没有什么副作用，但在给怀孕母兔注射疫苗时容易产生应激反应，如抓兔、注射等机械动作容易使母兔发生流产或不适等。但发生传染病时，怀孕母兔也必须紧急接种疫苗，否则，会造成更大的损失。

19. 如何制定家兔适宜的免疫程序？

疫苗免疫接种是预防兔传染病的有效措施，是养兔成败的关键。免疫接种并不是免疫的疫病越多越好，要根据当地疫病流行情况进行免疫，重点应免疫常发生的、对养兔业危害较大的传染病，对本地区、本场从未发生过的传染病一般不用免疫。

疫苗免疫要按免疫程序进行，制定免疫程序要考虑当地疫病流行情况和严重程度，不同的兔场还应考虑抗体水平的高低，尤其对首免时间的确定十分重要，母源抗体水平高时，会抑制疫苗的免疫力，母源抗体水平过低，对仔兔没有保护作用，仔兔对传染病易感。免疫接种最好的时机是在母源抗体刚降低到不能有效保护仔兔时，最好的办法是测定母源抗体效价，确定首免时间。

目前兔场常免疫的有兔瘟、巴氏杆菌、魏氏梭菌疫苗，免疫程序如下（仅供参考）。

（1）兔瘟组织灭活疫苗　幼兔35日龄首次免疫，颈部皮下注射2.0毫升，60～65日龄二次免疫，颈部皮下注射2.0毫升。种兔二免以后每4～6个月免疫1次，一年免疫2～3次，尤其是秋末冬初和初春季节应分别免疫1次，颈部皮下注射2.0毫升。每个月抽样检测抗体HI效价。

（2）兔巴氏杆菌灭活疫苗　幼兔30日龄首次免疫，颈部皮下注射1.0毫升。种兔每4～6个月免疫1次，一年免疫2～3次，尤其在春季和秋季应各免疫1次，颈部皮下注射1.0毫升。

（3）兔魏氏梭菌灭活疫苗　仔兔26日龄首次免疫，颈部皮下注射2.0毫升。种兔每4～6个月免疫1次，一年免疫2～3次，尤其在冬季和春季各免疫1次，颈部皮下注射2.0毫升。

20. 导致家兔免疫失败的原因有哪些？

（1）疫苗质量得不到保证　市场上正在使用的兔用疫苗品种不下10余种，但国家批准生产的仅5种，兔瘟灭活疫苗、多杀性巴氏杆菌灭活疫苗、兔魏氏梭菌灭活疫苗、兔瘟—多杀性巴氏杆菌二联灭活疫苗、兔多杀性巴氏杆菌—波氏杆菌二联灭活疫苗。除正规产品外，市场上非法产品盛行，从品种上，只要说要什么苗，很快就会有苗销售，如波氏杆菌苗、大肠杆菌苗、大肠杆菌—魏氏梭菌二联苗、兔瘟—魏氏梭菌二联苗、兔瘟—巴氏杆菌—魏氏梭菌三联苗、球虫疫苗等。经农业部批准生产兔用疫苗的正规厂家全国只有5～6家，但非法生产的单位及个人多达百余个，有的是由科研、教学、事业单位的小团体生产，有的是由科研、教学单位、事业单位的个人生产，还有一些非专业人员也加入到非法生产的队伍中来。生产品种涉及有国家标准的产品和没有国家标准的产品，其中以生产兔瘟苗及其联苗的为最多。非法生产者往往根据销售商的需要，将兔瘟单苗贴上兔瘟—巴氏杆菌二联苗、兔瘟—魏氏梭菌二联苗、兔瘟—巴氏杆菌—魏氏梭菌三联苗标签销售给用户。有些所谓的疫苗，其中只有一些抗菌药物。由于国家加强了管理，许多非法生产者的疫苗不贴标签，或标签上仅有疫苗的名称，无生产单位名称、地址、联系电话等，有的标签上还打着某某科研、教学单位、公司的牌子，而实际上并不是这些单位生产的。由于市场上疫苗质量鱼龙混杂，购买者往往有贪图便宜的心理，经不住诱惑，听信销售商的“价格便宜，一样用”的宣传，买了劣质的疫苗使用，免疫效果自然是不理想。另外，也不要听信像保健品广告一样的产品宣传，如果确实好，应申请国家批准文号正式生产。

（2）免疫程序不合理　任何疫苗都有使用范围、免疫期，各种疫苗并不相同。同一种动物，不同日龄对疫苗免疫后产生的免疫反应不一样，由于饲养的目的不同，对免疫期的要求也不一样，因此要根据养殖场自身的特点和各种疫苗的特性，制定合理的免疫程序。如30～40日龄幼兔对兔瘟灭活疫苗的免疫反应与成年兔不同，按常规注射

1毫升兔病毒性出血症灭活疫苗，成年兔可以达到6个月的保护期，而30～40日龄的幼兔不能产生有效的免疫力或仅能维持很短的有效时间。对此很多人不清楚这一点，误认为大兔打1毫升，小兔只要打0.5毫升就有效，结果小兔打了疫苗后仍会发病。试验结果表明，30～40日龄幼兔注射兔瘟苗1毫升仍不能产生较强的免疫保护力，而注射2毫升才有较好的保护作用，但不能长时间的维持，还必须在60～65日龄再加强免疫1次，每兔注射2毫升，以保证有4～6个月的免疫期，成年兔每年注射2～3次即可。一些非法产品由于质量低，常常让使用者每2～3月即注射1次。

（3）疫苗贮藏不当 现有兔用疫苗都是灭活疫苗，长期保存温度是4～8℃，适合于存放在冰箱的冷藏室中。在4～8℃条件下，兔瘟疫苗保存期为10个月，其他疫苗为6个月，在保质期内，只要保存条件好，质量是可以保证的。由于是灭活疫苗，在低温条件下，抗原保持有效的时间较长，不易失效，但高温则会加快这一过程，因此，灭活疫苗虽然不像活疫苗在较高温度下很快失效，但长期保存也应在合适的温度条件下。短期保存也应尽可能放在避光、阴凉处。没有好的保存条件，购买疫苗时不要一次买太多，以免使用效果下降。在无冰箱的情况下，灭活疫苗在25℃以下避光保存1～2个月，其效果也不会有影响。兔用灭活疫苗保存更应注意的是不能冷冻，因冷冻结冰后，由于兔瘟组织结块、免疫佐剂的效果下降，导致疫苗的免疫效力下降，因此结冰后的兔用灭活疫苗最好不要使用，或可加大用量，作为短期预防用。此外，超过保质期的疫苗最好不要使用，以免发生免疫失败的情况。

（4）家兔体质较差 注射疫苗是为了让动物体自身产生特异性免疫反应，从而达到在一定时期内不发生某种疾病的目的。由于动物本身存在着个体差异，同样的疫苗、同样的剂量，不同动物所产生的特异性反应强弱不一致。而不同单位饲养的动物体质也不相同，特别是目前情况下，养兔生产技术普遍水平较低，管理技术参差不齐，免疫效果难以得到充分体现。一些兔场30日龄断奶仔兔只有0.25～0.35千克，断奶后饲料质量跟不上，加上一些疾病的发生，兔群整体状况不佳，免疫注射效果也不会很好。注射疫苗时有的兔本身就已发生疾

病或处在疾病的潜伏期，注射疫苗后兔可能会死亡或激发疫病，即使不发病，免疫效果也不理想。

（5）注射疫苗操作不当　疫苗使用过程中未摇匀，兔用灭活疫苗多为混悬液，静置后会很快沉淀，下沉的部分主要是抗原，如不混匀，各兔注射的抗原量多少不一，会出现同批兔免疫效果部分好、部分差的情况。特别提醒，一些规模大的单位，用连续注射器注射，装疫苗的瓶较大，很容易产生上述现象，注射过程中要经常摇动瓶子，保持其中的液体均匀一致。有时注射疫苗时兔子挣扎很厉害，注射针头从一侧皮肤扎进去，又从另一侧皮肤出来，疫苗根本未注入体内，自然没有免疫效果。一部分兔可能漏打，小兔群养时最易出现漏打现象，打了这只，漏了那只。有的是因为后备兔未能同种兔一起参加定期免疫，到期后又未及时补防，超过免疫期后就会发生疾病。注射部位消毒不严格、注射过浅，注射部位炎症较重，甚至化脓、溃破，抗原及佐剂流失，免疫效果下降。

21. 怎样采集、保存和送检兔病病料?

当兔病发生严重，尤其是怀疑烈性传染病、急性中毒或寄生虫病时，应及时将病料送实验室诊断。为了使诊断结果较理想，及时科学地选送被检病料是十分重要的。挑选被检病、死兔时，应选能代表全群发病症状的、不同发病阶段的、活的或刚死的病兔。送检数量一般为3～5只。采取什么组织和器官，要依所诊断的疾病而定。病料送检方法应依据疾病的种类和送检目的不同而有所区别。

（1）血样采集　家兔可从耳静脉、心脏采血，常用5%的枸橼酸钠溶液抗凝。

（2）病理组织材料的采集和送检　采集病理组织学材料，应选择典型的病变器官组织，切成长和宽1厘米左右、厚约0.5厘米的组织块，浸入10%福尔马林溶液或95%的酒精中固定。固定时间1～2天，固定好的病料用固定液浸润的脱脂棉包裹，装入不漏水的双层塑料袋内，封口后，装入木盒邮寄。应注明固定液名称，病料种类和数量。

（3）微生物检验材料的采集和送检 对疑似传染病的病兔，剖检时应采集微生物材料进一步检查，材料必须在死后立即采集，选择的病兔应在生前未使用过抗菌药物，取材时严格无菌操作，尽量避免污染，在打开胸腹腔时立即取材。兔场离检验单位不远时，最好把症状明显的病兔或刚死亡的兔装入塑料袋内，直接送到实验室检验。离检验单位较远时，采取病料应根据疾病的表现和受损害部位而定，如兔魏氏梭菌病和球虫病应采取肠管及肠内容物和肝脏；兔巴氏杆菌病和兔瘟，应采取心、肝、脾、肺、肾、淋巴结等组织；有神经症状的传染病应采取脑和脊髓；兔结核病应采取病变结节；局部性疾病应采取病变部位的材料。采取材料时用的刀、剪、镊子等应消毒，操作时应尽量避免杂菌污染，病料放入灭菌干净的玻璃容器或瓶子内，外面用塑料袋包裹。在短时间内（夏天不超过 20 小时，冬天不超过 2 天）能送到检验单位的病料，可把装有病料的容器直接放入装有冰块的保温瓶内送检。短时间内不能送到的病料，必须用化学药品保存，供细菌检验的材料应保存于灭菌饱和盐水（氯化钠 38～39 克，蒸馏水 100 毫升，溶解后高压灭菌）或灭菌液体石蜡中，供病毒检验的材料浸在 50%甘油生理盐水（甘油 500 毫升，氯化钠 8.5 克，蒸馏水 500 毫升，高压灭菌）中，并放入装有冰块的保温瓶内。

（4）毒物材料的采集和送检 为了获得准确的分析结果，对毒物检样的数量和种类有一定的要求，除收集可疑的饲料、饲草（约 100 克）、饮水（约 2 升）外，应根据毒物的种类、中毒时间及染毒途径选择尸体样品。一般经消化道急性中毒死亡的病例以胃肠内容物为主，慢性中毒则应以脏器及排泄物为主。一般取样包括肝、肾（各 100 克）、胃内容物（500 克）、血液（10 毫升）、尿（50 毫升），必要时可取皮、毛及骨骼等。送检的病料不要沾染消毒剂，送检时也不要在容器中加入防腐剂，并避免任何化学药品的污染。病料采集后应分装在洁净的广口瓶或塑料袋内（不宜用金属器皿），注明样品名称，在冷藏条件下尽快送检。

（5）采集病料应注意的问题

①采料要及时 采取病料必须在死亡后立即进行，在任何情况下，不得迟于 3～5 小时。因死后过久，尸体容易发生腐败，兔死亡后肠道

内细菌从肠道进入尸体内，而使内脏污染造成检验困难、准确性差。

②选取的病例应典型　应选择临床症状和病变典型的病例，最好是未经抗菌药或杀虫药物治疗的，否则会影响微生物和寄生虫的检验结果。

③无菌操作　病料应采取无菌操作。为减少污染，一般先采取微生物学检验材料，然后采取病理检验材料。在剖检取材之前，应先对病情、病史加以了解和记录，并详细进行剖检前的检查；病料应在容器上或塑料袋上写编号，附送检单，并派专人送到检验单位。

22. 如何做好兔场的防病工作?

（1）场址选择要符合防病要求　兔场场址的选择是养兔成败的关键性措施之一。兔场要设在地势高、排污方便、水源水质良好、背风向阳的地方，同时要远离居住区 100 米以上。圈舍应通风、干燥，温度适宜。按兔饲养类型，一般应设种兔舍、育成舍和育肥舍，各圈舍应设置与门同宽的消毒池。附属建筑应有饲料加工车间、饲料库、病兔隔离舍、兽医室、两个轮流化粪池等，而且要使饲料加工、饲料贮存和饲喂系统配套。

（2）强调自繁自养　自繁自养是预防疫病传入的一项重要措施，各养兔场必须建立独立的种兔群，做到自繁自养。确需外购时要和兽医专业人员结合，到非疫区或健康的兔场采购，同时做好检疫、隔离、观察工作，以防疫病带入。

（3）疫病处理要果断坚决　兽医人员和兔场负责人员接到饲养人员的病兔、死兔报告后，要立即到现场检查、判断疫情，根据疫病种类采取封锁等措施。同时对圈舍、用具、场地等进行全面彻底消毒；对病死兔必须在指定地点剖检和处理，粪便污物必须经过发酵、无害化处理后方可利用；兽医和饲养员的工作用具和医疗用品，必须彻底消毒后才能再用。

（4）贯彻执行“预防为主”的方针　制订切实可行的防疫制度，定期检查防疫措施落实情况，发现问题，及时纠正，严防疫病的发生和流行。要按兔的免疫程序进行预防注射，并根据疫情流行情况调整免疫项目和次数。搞好兔场环境卫生，减少病原微生物的生存和传播，兔舍、兔笼应每天清扫干净，不要随时用水冲洗地面和兔笼，保持清洁、干燥，用具（料槽、饮水器、饮水管等）应经常清洗。兔场要建立严格的消毒制度，且不折不扣地实施。兔场应预留空兔舍和兔笼，便于转群，轮换消毒使用。消毒时要合理地选择消毒剂和消毒方法。一种消毒剂最多使用3个月就要更换使用另一种，以免细菌产生耐药性。兔舍、兔笼、用具应每月进行一次大清扫、消毒，每周进行一次重点消毒。兔舍消毒应先进行彻底清扫、冲洗，晾干后再用药物消毒。兔转栏或出栏后，必须对其圈舍进行彻底清洗和消毒。饲养员要认真落实饲养管理制度，精心进行饲养管理。

23. 兔场常用的药物有哪些？如何使用？

兔场常用药物及使用方法见表1-2。

表1-2　兔场常用药物及使用方法

药物名称	用法及剂量	用途及注意事项
青霉素钾（钠）	肌内注射，每千克体重2万～4万单位，每天2～3次，给药3～5天	主要用于治疗兔葡萄球菌病、李氏杆菌病、呼吸道感染、乳房炎、眼部炎症等，对兔梅毒也有一定疗效
普鲁卡因青霉素	肌内注射，每千克体重2万～4万单位，每天1～2次	
氨苄青霉素	皮下或肌内注射，每天2次	
硫酸链霉素	口服，0.1～0.5克/只；肌内注射，每千克体重20毫克，每天2～3次	主要用于治疗出血性败血症、传染性鼻炎、肠道感染等
硫酸庆大霉素	肌内注射，每千克体重1万～2万单位，每天1～2次	抗菌谱较广，主要用于治疗肠道感染，对绿脓杆菌有特效
四环素	口服，100～200毫克/只；肌内注射，每天每千克体重20～40毫克	主要用于治疗兔的多种细菌性疾病，长期使用易产生耐药性，应间隔使用
土霉素	口服，100～200毫克/（只·天）；静脉注射，每千克体重5～10毫克，每天2次	

（续）

药物名称	用法及剂量	用途及注意事项
红霉素	口服，每千克体重 2～10 毫克，每天 2 次。肌内注射，每千克体重 2～10 毫克	对革兰氏阴性菌、部分革兰氏阳性菌、立克次氏体、螺旋体、支原体、衣原体有效，特别对耐药性金黄色葡萄球菌的效力较强
硫酸卡那霉素	肌内注射，每千克体重 10～20 毫克，每天 2～3 次	抗菌谱较广，对巴氏杆菌、大肠杆菌、沙门氏菌有抑制作用
强力霉素	口服，每天每千克体重5～10 毫克	新型长效抗生素，对耐四环素、土霉素的金黄色葡萄球菌尤其敏感
克霉唑	克霉唑软膏或溶液，外用	主治体表真菌病
灰黄霉素	口服，每天每千克体重 20～50 毫克，15 天为一个疗程	主治各种体表真菌
制霉菌素	口服，5 万～10 万单位/只，每天 2～3 次	主治霉菌感染，局部用于真菌感染
二甲氧苄胺嘧啶（DVD）	口服，每天每千克体重 10 毫克，每天 2 次	广谱抗菌药，常用于兔胃肠道细菌感染、球虫病等的治疗 对多数革兰氏阳性菌、革兰氏阴性菌都有抑制作用
甲氧苄胺嘧啶（TMP）	口服，每天每千克体重 10 毫克，每 12 小时 1 次	
复方 SM_1- DVD	口服，每千克体重 20～25 毫克，每天 2 次	
复方 SMD - DVD	口服，每千克体重 20～25 毫克，每天 2 次	
磺胺噻唑（ST）	口服或静脉注射、肌内注射，首次量，每千克体重 0.2～0.3 克，维持量，每千克体重 0.1～0.15 克	
磺胺嘧啶（SD）	口服，首次量，每千克体重 0.2～0.3 克，维持量，每千克体重 0.1～0.15 克，8～12 小时/次	

（续）

药物名称	用法及剂量	用途及注意事项
磺胺甲基嘧啶（SM）	口服，首次量，每千克体重 0.2～0.3 克，维持量，每千克体重 0.1～0.15 克，12 小时/次	广谱抗菌药，常用于兔胃肠道细菌感染、球虫病等的治疗 对多数革兰氏阳性菌、革兰氏阴性菌都有抑制作用
磺胺二甲嘧啶（SM_2）	口服，首次量，每千克体重 0.2～0.3 克，维持量，每千克体重 0.1～0.15 克，12～24 小时/次。静脉注射、肌内注射，每千克体重 0.07 克	
长效磺胺（SMP）	口服，首次量，每千克体重 0.1 克，维持量，每千克体重 0.07 克	
磺胺对甲氧嘧啶（SMD）	口服，首次量，每千克体重 0.1 克，维持量，每千克体重 0.07 克	
磺胺间甲氧嘧啶（SMM）	口服或静脉注射、肌内注射，每千克体重 0.07 克	
磺胺咪（SG）	口服，首次量，每千克体重 0.3 克，维持量，每千克体重 0.15 克	
复方新诺明（SM_2-TMP）	口服，20～25 毫克/只，1～2 次/天	
氯苯胍	口服，预防量每千克饲料添加约 150 毫克，治疗量加倍	主要用于预防和治疗球虫病
磺胺喹噁啉	口服，0.1%拌料，连用 3 天，停 3 天后再用 0.05%拌料喂 2 天，停 3 天，再喂 2 天	高效抗球虫，适口性好、易吸收、排泄较慢
磺胺喹沙啉	口服，按每千克饲料 250 毫克拌料	抗球虫
磺胺氯吡嗪钠	口服，可按 1 000 千克饲料添加 600 克，连喂 5～10 天	
球痢灵	口服，每千克体重 30～50 毫克，2 次/天，连用 5 天	
球虫净	口服，每千克体重30～50毫克，连用3～5天，间断2～3天，再用5～7天	
地克珠利	口服，每千克饲料 1 毫克	
妥曲珠利	口服，每千克饲料 10～15 毫克	
氯羟吡啶	口服，0.02%拌料	
氢溴酸常山酮	口服，治疗用每千克体重 3 毫克	

（续）

药物名称	用法及剂量	用途及注意事项
敌百虫	1%的水溶液涂搽患部，0.1%的水溶液喷洒体表	治疗螨病、虱。毒性大，局部用药
伊维菌素	皮下注射，每千克体重0.2毫克	抗体内外寄生虫
阿维菌素		
新胂凡纳明	每千克体重40～60毫克，静脉注射（临时用生理盐水配成10%的溶液后用）	治疗兔螺旋体病、盲肠肝炎（组织滴虫病）
吡喹酮	口服，每千克体重10～20毫克，1次/天	治疗绦虫与血吸虫病
氯硝柳胺	口服，每千克体重100毫克，1次/天	治疗绦虫
左旋咪唑	口服，每千克体重25毫克，1次/天	治疗各种线虫病
丙硫咪唑	口服，每千克体重20毫克，2次/天	治疗肠道线虫
枸橼酸哌嗪	口服，每千克体重80毫克，1次/天	治疗线虫病
胃蛋白酶	口服，每千克体重0.2～0.3克，1次/天	治疗消化不良
干酵母	口服，每千克体重0.2～0.4克，1次/天	帮助消化
乳酶生	口服，每千克体重1～1.5克，1次/天	
乳酸钙	口服，每次每千克体重0.1～0.2克，1次/天	治疗钙缺乏症
止血敏	肌内注射，1～2毫升/次，2次/天	止血
维生素K	肌内注射，1～2毫升/次，2～3次/天	
硫酸阿托品	肌内注射，0.5毫克/次，1～2次/天	解除有机磷中毒

（续）

药物名称	用法及剂量	用途及注意事项
乙酰胺	肌内注射，0.1 克/次，1 次/天	解除杀虫药、鼠药中毒
孕马血清	皮下或肌内注射，每次 30～50 国际单位	同期发情
黄体酮	肌内注射，1～2 毫克/次	保胎，同期发情
硼酸	外用、冲洗	用于眼、鼻腔炎症，乳腺炎冲洗
雷佛奴耳	外用	用于外伤和黏膜腔道冲洗
氨苯磺胺	外用	局部感染创，清创后使用
磺胺嘧啶银	外用，涂敷创面	治疗烧烫创面感染、绿脓杆菌感染
磺胺醋酰钠	眼部外用	用于眼部感染、结膜炎、角膜化脓性溃疡

24. 治疗兔病的用药原则有哪些？

（1）对症用药，对因用药 家兔发病时，应及时作出诊断，搞清楚致病原因，如一时不清楚发病原因，首先要对症用药，治标，缓解症状，如发热（高热）时，应使用退热药，严重腹泻时应补液，防止脱水。对症治疗的同时，应尽快查明病因，实施对因治疗。如营养物质缺乏时应尽快补充，中毒时应切断毒物来源，使用解毒药，微生物感染时，应使用经济有效的抗菌药。

（2）选择适宜的用药方法 根据用药目的、病情缓急和药物的性质，确定最佳给药途径。如预防用药时，应拌料、饮水，损力，减少应激反应。治疗用药时，应口服或注射，病情急时应静脉注射。同时应根据发病部位选择最佳给药途径，如球虫病或腹泻应选择经消化道给药，混饲或混饮。

（3）注意用药剂量、时间、次数和疗程 用药剂量必须准确，剂量过小不能起治疗作用，剂量过大，易中毒。根据药物的半衰期，确

定投药时间和次数，使机体维持较高的血药浓度。疗程内用药要充足，特别是抗生素类药物，应连续使用3～5天，或采用脉冲式用药，用一个疗程后，停药2天，再用一个疗程，以防该病复发。

（4）合理联合用药，注意配伍禁忌　对于混合感染或其他多种原因引起的疾病，应联合用药，进行对症治疗和对因治疗。发热病兔对维生素需要量增多，因此对微生物引起的发热要使用解热药、抗菌药，同时还需补充维生素、电解质。联合用药应注意配伍禁忌，以免产生毒副作用或降低药物疗效。

（5）正确使用有效期内的药物　购买药品时应选信誉良好、质量可靠、有正规批号的厂家生产的药品，使用时应遵照使用说明或在兽医的指导下用药，还应注意药品的包装及药物的理化性状，如有异常应废弃。

25. 治疗兔病时有哪些注意事项？

（1）治疗时间宜早不宜迟　家兔的耐受性较差，发病后一般病程较短，死亡较急，许多疾病往往来不及用药，兔就已经死亡。一般由病毒或细菌所导致的疾病，在出现症状后4小时内用药物治疗，治疗效果要比在4小时以后的治愈率好2倍以上。

（2）给药剂量宜足不宜少　用药剂量对治疗效果关系重大。因家兔疾病发展较快，因此用药要求及时、快速地控制疾病的发展，以缩短治疗的时间。一般要用治疗量的上限，特别是第一次用药时；如用量不足，就不能及时快速地控制疾病的发展，使机体受到更大的损伤。注意足量不是中毒量，不是过量用药。不要造成中毒，引起不良后果。

（3）给药途径宜速不宜缓　不同的给药方式、途径，使药物到达血液的速度不同，所起效的时间不同。凡是用于治疗的药物，应争取采用使其最快起效的给药方式，所以一般可以采取输液、肌内注射、口服法。

（4）药物配伍宜复不宜单

①用复合制剂或联合用药，而不是单独用一种药物。一种药物的

作用一般较为单一，而动物机体患病是一个复杂的反应，单一药物不能对多个方面都起到作用，有一些药物还有一些副作用，因此我们可以通过复合用药来发挥出各个药物最好的治疗作用，避免药物的不良作用。

②用一些对动物机体机能起促进和营养作用的药物，如球虫病时，可在用抗球虫的基础上，再用一些维生素类的药物，以抗应激，促进上皮组织的修复和功能的恢复，使疾病能早日得到彻底治愈。

(5) 用药温度宜温不宜凉 是指在用液体药物时，因兔子个体较小，药物温度会对兔体产生较大的影响。如静脉输液时，就应将药液的温度预热至兔体温。尤其是在寒冷季节给药，或对比较幼小的兔子给药时更应如此。

26. 兔病常见的用药误区有哪些？

(1) 使用单一固定药方，盲目加大剂量 最常见的处方是青霉素、链霉素、地塞米松配伍应用，在效果不好时，又会盲目地任意加大青霉素、链霉素的剂量，有时甚至会超出常规用药剂量的几倍、十几倍甚至几十倍。这样很容易使微生物对药物产生耐受性。地塞米松是激素类药物，适量应用有消炎、抗过敏、抗毒素和抗休克等作用。但长期过量应用，会扰乱体内激素分泌，降低机体免疫力，造成肌肉萎缩无力、骨质疏松和生长迟缓等直接危害。突然停药后还会产生停药综合征，出现发热，软弱无力，精神沉郁，食欲不振，血糖和血压下降等症状。在治疗疾病时，应根据病情和细菌的耐药性，更换药物配方，不能长期使用一种配方。一般在一个疗程的首次用药时，可适当加大剂量，以后按常规剂量，这样有利于疾病的治愈。

(2) 滥用抗生素和抗球虫药 兔是草食动物，粗纤维主要靠盲肠微生物进行消化，如果长期大量使用抗生素，就会杀死盲肠微生物有益菌群，造成消化障碍。因此，家兔一般不要轻易使用抗生素。如必须使用抗生素时，应通过药敏试验选择最敏感的药物，避免细菌产生

耐药性而使药物无效。使用活菌制剂时，不能配合使用抗生素或含有抗生素的饲料。由于球虫易产生耐药性，使用球虫药时应交叉用药、轮换用药，不能长时间用某一种药物，否则，会导致用药成本增加而无作用。

（3）不合理使用磺胺类药物　磺胺类药物是临床常用的抗菌药物，但有些人并不知道磺胺类药的作用机理，不知道磺胺类药物只能抑制细菌生长繁殖，不能彻底杀死细菌。临床用药很不规范，不懂得遵守用药规律（不清除脓汁和坏死组织，用药间隔太长或太短等），致使磺胺类药的使用效果很差。

（4）不合理配伍用药　配伍用药时，有些人不知道药物的理化特性和配伍禁忌，只是凭感觉配伍应用。临床常见的不合理配伍使用药很多，如：庆大霉素与青霉素、5%的碳酸氢钠；链霉素与庆大霉素、卡那霉素；乳酶生与复方新诺明、磺胺脒；20%磺胺嘧啶钠与青霉素G钾、维生素C注射液等配伍。这些不合理的配伍，既导致配伍药物失效，产生毒副作用，又增加了养殖成本。

（5）随意接受新兽药　一些人很容易听信兽药推销商不切合实际的游说宣传，随便接受使用一些新药，同时又忽视新药物的毒副作用，对兔造成危害。

（6）不合理使用疫苗　疫苗保存不当（没有冰箱的条件下保存疫苗）；使用生水稀释疫苗；注射疫苗时一个针头用到底，既不更换针头，也不严格消毒；使用超过有效期的疫苗；不按浓度要求稀释疫苗；疫苗注射剂量不足（如皮下注射时穿透皮肤，注射时太匆忙等）；不会根据条件灵活变通，只知道死搬教条地挪用书本上的免疫程序。这些因素，使得疫苗很难发挥应有的效果。

27. 兔场常见的消毒方法有哪些?

所谓消毒，就是清除病原。消毒方法总体上分为三大类：物理消毒法、化学消毒法和生物热消毒法。

（1）常用的物理消毒法

①清扫、冲刷、擦洗、通风换气　此类为机械性的消毒法，是最

常用、最基础的消毒法，简单易行。机械性消毒并不能杀灭病原体，但可大大减少环境中的病原体，有利于提高消毒效果，并可为家兔创造一个清洁、舒适的环境。

②阳光暴晒　阳光暴晒有加热、干燥和紫外线杀菌三个方面的作用，有一定杀菌能力。在日光下暴晒2～3小时可杀死某些病原体，此法适用于产箱、垫草和饲草饲料等的消毒。

③紫外线灯照射　紫外线灯发出的紫外线可杀灭一些微生物，主要用于更衣室、生产区入舍通道等的消毒，一般照射不少于30分钟。

④煮沸　煮沸30分钟，可杀灭一般微生物。适用于注射器、针头及部分金属、玻璃等小器械用具的消毒。

⑤火焰消毒　这是一种最彻底而又简便的消毒法，用喷灯（以汽油或液化气或酒精为燃料）火焰直接喷烧笼位、笼底板或产箱，可杀灭细菌、病毒和寄生虫。

（2）生物热消毒法　是利用土壤和自然界中的嗜热菌，来参与对兔粪尿及兔舍垃圾（饲草、饲料残渣废物）的堆肥发酵，利用其产生的大量生物热来杀灭多种非芽孢菌和球虫等寄生虫的消毒法。

（3）化学药物消毒法　是利用一些对人、畜安全无害，对病原微生物、寄生虫有杀灭或抑制作用的化学药物进行消毒的方法。此法在家兔生产中广为使用，不可缺少。

28. 兔场环境常用消毒药有哪些？

理想的消毒药应对人、兔无毒性或毒性较小，而对病原微生物有强大的杀灭作用，且不损伤笼具物品，易溶于水，价廉易得。

（1）菌毒敌（复合酚）　是一种广谱、高效、低毒、无腐蚀性的消毒药，可杀灭细菌、霉菌和病毒，对多种寄生虫卵也有杀灭作用。预防性喷雾消毒用水稀释300倍，疫病发生时喷雾消毒用水稀释100～200倍，水的温度不宜低于8℃，一次消毒可维持7天。禁与碱性药物或其他消毒药混用，严禁用喷洒过农药的喷雾器喷洒该药。主要适用于笼舍及附属设施和用具的消毒。

（2）百毒杀　是高效、广谱杀菌剂。市售产品为0.02%的水溶

液。主要用于兔笼舍、用具和环境的消毒。使用时请详见说明书。

(3) 生石灰（氧化钙）　一般用10%～20%的石灰乳，作墙壁、地板或排泄物的消毒。要求现配现用。

(4) 烧碱（氢氧化钠）　对细菌、病毒，甚至对寄生虫卵均有较强的杀灭作用。一般对兔笼舍和笼底板、木制产仔箱等设备的消毒，宜用2%～4%的浓度；对墙、地面及耐碱能力强的笼具、运输器具，可用10%浓度。凡采用烧碱水消毒，事先应清除积存的污物，消毒后必须用清水冲掉碱水，否则易给兔造成伤害。

(5) 草木灰水浸液　草木灰内含有氢氧化钾、碳酸钾，在一定条件下可替代烧碱的消毒作用。具体配制方法是，在50千克水中加入15千克新鲜草木灰煮沸1小时，经过滤后即喷洒墙、地面或浸泡笼具。本品是农村可自制的廉价消毒剂，须现配现用。

(6) 漂白粉（含氯石灰）　灰白色粉末，有氯臭味，微溶于水。杀菌作用快而强，并有一定除臭作用。常用5%混悬液作兔舍地面、粪尿沟及排泄物的消毒。不能用作金属笼具的消毒。

(7) 来苏儿（煤酚皂）**溶液**　是含50%煤酚的红棕色液体，除具杀灭病原菌作用外，对霉菌亦有一定的抑制效果。一般用2%～3%的浓度作笼舍、场地和器械的消毒，也可用作工作人员的手部消毒。

(8) 福尔马林（甲醛）　主要用于家兔笼舍的熏蒸消毒。按每立方米20毫升甲醛加等量的水混合后，加热，密闭门窗熏蒸10小时。熏蒸时应转移兔子和饲料饲草。用5%～10%的甲醛溶液，亦可作粪尿沟等环境消毒。

(9) 过氧乙酸　是一种高效杀菌剂。市售品为20%浓度的无色透明液体。以0.5%浓度喷洒，适用于笼舍、运兔车辆和笼具消毒。3%～5%的溶液，作加热熏蒸消毒。过氧乙酸不稳定，有效期为半年，宜现配现用。

29. 哪些消毒药可用于家兔皮肤、黏膜、创口的消毒？

(1) 酒精（乙醇）　是兔场最常用的皮肤消毒药。酒精是一种无色、易燃、易挥发的液体，具有较强的抑菌和杀菌作用，无明显毒副作用的消毒药。市售酒精为95%的浓度，可直接用于酒精灯作火焰消毒。但一般用于皮肤消毒的，须配成70%～75%的浓度，才能保证其消毒效果。怎样把95%的酒精配成70%的酒精呢？取73.7毫升原95%酒精，加水至100毫升即可。

(2) 碘酒（碘酊）　是兔场必备的消毒药物之一。碘酒能氧化病原体原浆蛋白活性基因，并与蛋白质的氨基结合而使其变性，故对细菌、病毒、芽孢菌、真菌和原虫均具强大的杀灭作用，对新创伤还有一定的止血作用。兔用碘酒一般为2%～3%的浓度。自己配制消毒用碘酒，可取碘化钾1克，在刻度玻璃杯中加少许蒸馏水溶解，再加碘片2克与适量的70%～75%的酒精，搅拌至溶解后继续加同一浓度的酒精至100毫升即成。

(3) 高锰酸钾（俗称锰强灰）　为深紫色结晶，易溶于水，无味。是一种强氧化剂，有杀菌、除臭作用。一般用0.1%～0.5%的水溶液冲洗黏膜、创伤口和化脓灶，有消毒和收敛的作用。其作用比双氧水（过氧化氢）持久。

(4) 新洁尔灭　常用0.01%～0.05%水溶液冲洗黏膜、深部创感染，0.1%水溶液手术前皮肤消毒、器械消毒。

(5) 双氧水　市售产品含过氧化氢26%～28%，用于清洗深部化脓创。

30. 兔场的饮水消毒可用哪些消毒药?

(1) 漂白粉　每50升水用1克，搅匀30分钟后可饮用。

(2) 高锰酸钾　配成0.01%的浓度饮用。

31. 影响消毒效果的因素有哪些?

(1) 消毒剂使用的时间　一般情况下，消毒剂的效力同消毒作用时间成正比，与病原微生物接触并作用的时间越长，其消毒效果就越好。作用时间如果太短，往往达不到消毒的目的。

（2）消毒剂的浓度 一般来说，消毒剂的浓度越高，杀菌力也就越强，但随着消毒剂浓度的增高，对活组织（畜禽体）的毒性也就相应地增大。另一方面，有的消毒剂当超过一定浓度时，消毒作用反而减弱，如70%～75%的酒精杀菌效果要比95%的酒精好。因此，使用消毒剂时要按照使用说明书配成有效的消毒浓度。

（3）消毒剂的温度 消毒剂的杀菌效力与温度成正比，温度增高，杀菌效力增强，因而夏季消毒作用比冬季要强。

（4）环境中有机物的存在 当环境中存在大量的有机物如畜禽粪、尿、污血、炎性渗出物等时，会阻碍消毒药与病原微生物直接接触，从而影响消毒剂效力的发挥。另一方面，由于这些有机物往往能中和并吸附部分药物，也使消毒作用减弱。因此，在进行环境消毒时，应先清扫污物、冲洗地面和用具，晾干后再消毒。

（5）微生物的敏感性 不同的病原微生物，对消毒剂的敏感性有很大的差异，例如病毒对碱和甲醛很敏感，对酚类的抵抗力很弱。大多数的消毒剂对细菌有杀灭作用，但对细菌的芽孢和病毒作用很小，因此在消毒时，应考虑致病微生物的种类，选用对病原体敏感的消毒剂。

32. 兔场应该怎样进行消毒？

（1）消毒池消毒 入场口应设消毒池，池内装2%烧碱液或5%来苏儿供入场人员、车辆消毒。兔场进出人员可用紫外线照射消毒。

（2）常规定期消毒 兔舍、兔笼、用具应每月进行一次大清扫、消毒，每周进行一次重点消毒。兔舍消毒应先进行彻底清扫、冲洗，晾干后再用药物消毒。运动场地消毒，在清扫的基础上（发生疫情时，铲除3厘米厚的表层土壤），用消毒药进行消毒。发生疫病时，兔场及所有用具应3天消毒一次，当疫病扑灭后或解除封锁前，要进行一次终末消毒。可选用100～300倍稀释的菌毒敌、2%的烧碱水、20%的石灰乳、30%热草木灰水、20%漂白粉水、0.5%过氧乙酸溶液等。兔笼、笼底板、用具应先清洗，晾干后用药物消毒、或火焰消毒（以杀灭螨虫、虫卵、真菌等）、或进行阳光暴晒。木制品可用2%的烧碱水、0.5%过氧乙酸溶液、0.1%新洁尔灭、0.1%消毒净、100～300倍稀释的菌毒敌消毒。金属用具可用0.1%新洁尔灭、0.1%消毒净、100～300倍稀释的菌毒敌、0.5%过氧乙酸溶液、0.1%洗必泰消毒。毛皮消毒，可用1%的石炭酸溶液浸泡、福尔马林或环氧乙烷熏蒸消毒。粪便及污物消毒，可用烧碱、深埋或生物发酵消毒。饮水消毒，在50升水中加入1克漂白粉。

（3）带兔消毒 可用0.2%的过氧乙酸溶液或0.1%的百毒杀溶液消毒。

（4）饲养员衣物和洗手 用2%来苏儿或0.1%新洁尔灭消毒，工作服可用肥皂水煮沸消毒或高压蒸汽消毒。

33. 家兔的饮水卫生应注意哪些问题？

（1）水源应清洁，符合饮用标准 家兔的饮水可用自来水或井水，微生物含量不能超标，井水中重金属和钙、镁、氟的含量不能超标，经检验合格才能饮用。水源应远离污染区，最好经消毒后饮用。

（2）饮水用具定期消毒 饮水池、饮水桶、饮水管道、饮水器等应定期清洗和消毒，如用饮水管道供水，最好是一直保持流水，不留死水，做到流水不腐，以免孳生细菌。

34. 刈割家兔饲草及储存饲料应注意哪些问题？

（1）家兔饲草最好是种植，尽量不割或少割野草。割草时最好是晴天或阴天，待草的表面水分晾干后再割，切忌割露水草或带雨水的草直接喂兔。如在下雨天割草，应将草表面晾干后喂兔。如需要割野草，应在高、燥、向阳的地方去割，切忌在低洼、潮湿、阴暗的地方割草，因为这些地方容易孳生病原微生物。

（2）青草应放在干燥、清洁、通风的地面或草架上，应摊开，不

应堆放。远离污染原，避免病兔、兔粪或其他病原微生物污染。

（3）干草、精饲料应储存在干燥、低温、避光和清洁的储藏室中，控制水分，空气的相对湿度在70%以下，饲料的水分含量不应超过12.5%，避免在储存过程中遭受高温、高湿导致饲料发霉变质。

（4）储存时间不宜太长。一般情况下，颗粒状配合饲料的储存期为1～3个月；粉状配合饲料的储存期不宜超过10天；粉状浓缩饲料和预混合饲料因加入了适量的抗氧化剂，其储存期分别为3～4周和3～6个月。

35. 兔舍、兔笼的建设与兔病防控有何关系？

兔耐寒怕热，为保证兔舍冬暖夏凉，建舍方向应坐北朝南。修建兔舍时，在寒冷地区要考虑良好的保温性能，在热带和亚热带应具有隔热性能，防止兔因炎热而发病。

建舍时应力求地面、墙壁、兔笼四壁平整光滑，使之容易消毒、维修和洗刷，并设易于排污的粪尿沟。笼底板应光滑，不得有毛刺使兔易受外伤感染。

兔喜欢干燥、清洁，怕潮湿。因此，在雨量充沛地区，建舍时应加长屋顶前后檐，以防淋湿墙体或雨水吹入兔舍内；舍内上、下设窗或设通风气窗，有条件可设排气扇，及时排除湿气。在地下水位高的地方应加高地基，使舍内地面高于水平地面30厘米，或设高架兔笼，或开好排水沟。避免因潮湿而使兔易患各种传染病。

家兔易感染多种疾病，对小环境净化要求十分严格。故而即使是大型兔场，也应提倡分单元饲养，即每栋兔舍饲养基础母兔以50～100只为宜，控制条件较差的兔场其每栋兔舍饲养家兔的数量宜更少。

蛇、鼠、黄花鼬、狼、狗、猫头鹰、猫等均可危害家兔，尤其对仔兔、幼兔危害更大。因此建舍时，应考虑有利于抵御兽害，兔舍窗上应设粗眼窗纱。

建舍既要注意符合家兔的行为和生理特点，创造舒适的环境，同时，又要重视养兔效益。根据饲养的类型、品种、任务以及经济状况，确定兔舍的形式、结构、设施，要做到经济实用、因地制宜。

36. 怎样对家兔进行临床检查?

(1) 病史调查 病史调查即是通过向畜主或饲养员询问，了解与疾病相关的问题。询问时要有重点，针对性要强，对所获得的资料还要进行综合分析，以便为诊断提供真实可靠的信息。询问主要侧重于以下几个方面：

①了解发病时间、发病头数 用以推测疾病是急性还是慢性，是单个发病还是群体发病，以及病的经过和发展变化情况。

②了解发病后的主要表现 如精神状态、饮食欲、呼吸、排粪、排尿、运动等的异常表现。对于腹泻的，应进一步了解排便次数、排便量及粪便性状（有无黏液、血液、气味等），对于母兔应该了解产前、产后及哺乳情况。

③了解治疗情况 用过什么药物，疗效如何，以判断用药是否恰当，为以后用药提供参考。

④了解饲养管理情况 如饲料种类，精料、青料、粗饲料的来源及组合，调制方法与饲喂制度，水源及饲料质量。兔舍温度、湿度、光线、通风状况，养殖密度，卫生消毒措施以及驱虫情况等。

(2) 一般检查

①外貌检查

精神状态：精神状态是衡量中枢神经机能的标志。一般是通过观察家兔的姿势、行为表现、眼神及对外界刺激的反应能力加以判断。健康家兔双目有神，行为自然，对外界刺激反应灵敏，经常保持警戒状态。如受惊吓，立即抬头、竖耳、转动耳壳，有时后足踏地，发出啪啪的声响。如有危险情况，则呈俯卧状，似做隐蔽姿势。当中枢神经抑制时，则表现精神沉郁，反应迟钝，低头竖耳，闭目呆立，或蹲伏一隅，不关心周围事物。过度兴奋时则呈现不安、狂奔、肌肉震颤、强直、抽搐等。

体格发育和营养状态：体格一般根据骨骼和肌肉的发育程度及各部的比例来判定。体格发育良好的家兔，外观其躯体各部匀称，四肢

强壮，肌肉结实。发育不良的兔，则表现体躯矮小，结构不匀称，瘦弱无力，幼龄阶段表现发育迟缓或发育停滞。判定家兔营养的好坏，通常以肌肉的丰满程度和皮下脂肪蓄积量为依据。营养良好的家兔，肌肉和皮下脂肪丰满，轮廓滚圆，骨骼棱角处不显露。反之，表现消瘦，骨骼显露。

姿势：各种动物在正常情况下，都保持其固有灵活协调的自然姿势。健康家兔经常采取蹲伏姿势。蹲伏时两前肢向前伸直并相互平行，后肢置于身体下方，以蹄部负重。走动时臀部抬起，轻快而敏捷，白天除采食外，大部分时间处于休息状态。天气炎热时，为便于散发体热，采取侧卧或伏卧，前后肢尽量伸展。寒冷时则蹲伏，而且身体尽量蜷缩。家兔的异常姿势主要有跛行、头颈扭曲、走动不稳、全身强直等。检查家兔的姿势，对确诊运动系统和神经系统疾病有重要意义。

性情：一般把家兔的性情分为性情温和、性情暴躁两种类型。性情与年龄、性别、个体差异等有关。判定性情变化主要依据家兔对外界环境改变所采取的反应与平素有无差别。若原来性情温和的变为暴躁，甚至出现咬癖、吃仔等，说明有病态反应。光线的明暗对性情也有影响，如暗环境可以抑制殴斗，并可使公兔性欲降低。

②被毛与皮肤　健康家兔被毛平滑，有光泽，生长牢固，并随季节换毛。被毛枯焦、粗乱、蓬松、缺乏光泽，则是营养不良或有慢性消耗性疾病的表现。换毛延迟，或非换毛季节而大量脱毛，则是一种病态，应查明原因。如患螨病、脱毛癣、湿疹等，均可以出现成片的脱毛，这时常伴有皮肤的病变。皮肤检查应注意皮肤温度、湿度、弹性、肿胀及外伤等。

③可视黏膜检查　可视黏膜包括眼结膜、口腔、鼻腔、阴道的黏膜。黏膜具有丰富的微血管，根据颜色的变化，大体可以推断血液循环状态和血液成分的变化。临床上主要检查眼结膜。检查时，一手固定头部，另一手以拇指和食指拨开下眼睑即可观察。正常的结膜颜色为粉红色。眼结膜颜色的病理变化常见的有以下几种：

结膜苍白：是贫血的征象。急速苍白见于大失血，肝、脾等内脏器官破裂；逐渐苍白见于慢性消耗性疾病，如消化障碍性疾病、寄生虫病、慢性传染病等。

结膜潮红：结膜潮红是充血的表现。弥漫性充血（潮红）见于眼病、胃肠炎及各种急性传染病；树枝状充血，即结脱。血管高度扩张，呈树枝状，常见于脑炎、中暑及伴有血液循环严重障碍的心脏病。

结膜黄染：是血液中胆红素含量增多的表现。见于肝脏疾患、胆管阻塞、溶血性疾病及钩端螺旋体病等。

结膜发绀：是血液中还原血红蛋白增多的结果。见于伴有心、肺机能严重障碍，导致组织缺氧的病程中。如肺充血、心力衰竭及中毒病等。

结膜出血：有点状出血和斑片状出血，是血管通透性增高所致。见于某些传染病或紫癜症等。

④淋巴结检查　健康家兔体表淋巴结甚小，触诊不易摸到。如果能够摸到下颌淋巴结（下颌骨腹侧）、颈浅淋巴结（肩胛骨前缘）、髂下淋巴结（髂骨外角稍下方，股阔筋膜张肌前缘）等，表明淋巴结发炎、肿胀，应进一步查明原因。

⑤体温测定　一般采取肛门测温法。测温时，用左臂夹住兔体，左手提起尾巴，右手持体温计插入肛门，深度 3.5～5 厘米，保持3～5 分钟。家兔的正常体温为 38.5～39.5℃。影响家兔体温变化的因素较多，如检测时间、季节、环境温度、动物年龄、品种、生产性能、运动等。测温对于早期诊断和群体检查有很大意义。

⑥脉搏数测定　家兔多在大腿内侧近端的股动脉上检查脉搏，也可直接触摸心脏部位，计数 0.5～1 分钟，算出 1 分钟的脉搏数。健康家兔脉搏数为每分钟 120～150 次。热性病、传染病或疼痛时，脉搏数增加。黄疸、慢性脑水肿、濒死期可出现脉搏减慢。检查脉搏应在家兔安静状态下进行。

⑦呼吸数检查　观察胸壁或肋弓的起伏次数，计数 0.5～1 分钟，算出 1 分钟的呼吸数。健康家兔的呼吸数 1 分钟为 50～80 次。肺炎、中暑、胸膜炎、急性传染病时，呼吸数增加。某些中毒、脑病、昏迷时，呼吸数减少。影响呼吸数发生变动的因素有年龄、性别、品种、营养、运动、妊娠、胃肠充盈程度、外界气温等，在判定呼吸数是否

增加和减少时，应排除上述因素的干扰。

（3）系统检查

①消化系统检查

饮食欲检查：健康家兔食欲旺盛，而且采食速度快。对于经常吃的饲料，一般先嗅闻以后，便立即放口采食，15～30 分钟即可将定量饲料吃光。食欲改变主要有食欲减退、食欲废绝、食欲不定（时好时坏）、食欲异常（异嗜）。食欲减退是许多疾病的最早指征之一，主要表现是不接近饲料，采食速度减慢，饲槽内有残食。食欲废绝是疾病重剧、预后不良的征兆。食欲不定是慢性消化道疾病。异嗜可能是因微量元素或维生素缺乏所致。

家兔的饮水也有一定的规律，炎热天气饮水多。有人做过试验，温度 28℃时，平均每天每千克体重需水 120 毫升；9℃时，每千克体重需水 76 毫升。饮水增加见于热性病、腹泻等，饮水减少见于腹痛、消化不良等。

腹部检查：家兔腹部检查主要靠视诊和触诊。腹部视诊主要观察腹部形态和腹围大小。腹部上方明显膨大，肷窝突出，是肠积气的表现；下腹部膨大，触诊有波动感，改变体位时，膨大部随之下沉，是腹腔积液的体征。

腹部触诊时，令助手保定家兔的头部，检查者立于尾部，用两手的指端同时从左、右两侧压迫腹部。健康兔腹部柔软并有一定的弹性。当触诊时出现不安、骚动、腹肌紧张且有震颤时，提示腹膜有疼痛反应，见于腹膜炎。腹腔积液时，触诊有波动感。肠管积气时，触诊腹壁有弹性感。

粪便检查：检查时，注意排便次数、间隔时间、粪便形状、粪量、颜色、气味、是否混杂异物等。健康兔的粪便为球形，大小均匀，表面光滑，呈茶褐色或黄褐色，无黏液或其他杂物。如粪球干硬变小，粪量少或排便停滞，是便秘的表现。如粪便不成球，变黏稠或稀薄如水，或混有黏液、血液，表明肠道有炎症。

②呼吸系统检查

呼吸式检查：健康家兔呈胸腹式（混合式）呼吸，即呼吸时，胸壁和腹壁的运动协调，强度一致。出现胸式呼吸时，即胸壁运动比腹壁明显，表明病变在腹部，如腹膜炎。出现腹式呼吸时，即腹壁运动明显，表明病变在胸部，如胸膜炎、肋骨骨折等。

呼吸困难检查：健康家兔在安静状态下，呼吸运动协调、平稳，具有节律性。当出现呼吸运动加强，呼吸次数改变和呼吸节律失常时，即为呼吸困难，是呼吸系统疾病的主要症状之一。临床上主要表现为：

- 吸气性呼吸困难：以吸气用力、吸气时间明显延长为特征，常见于上呼吸道（鼻腔、咽、喉和气管）狭窄的疾病；
- 呼气性呼吸困难：以呼气用力、呼气时间显著延长为特征，常见于慢性肺泡气肿及细支气管炎等；
- 混合性呼吸困难：即吸气和呼气均发生困难，而且伴有呼吸次数增加，是临床上最常见的一种呼吸困难。这是由于肺呼吸面积减少，致使血中二氧化碳浓度增高和氧缺乏所引起。见于肺炎、胸腔积液、气胸等。心原性、血原性、中毒性和腹压增高等因素，也可引起混合性呼吸困难。

咳嗽检查：健康兔偶尔咳一两声，借以排除呼吸道内的分泌物和异物，是一种保护性反应。如出现频繁或连续性的咳嗽，则是一种病态。病变多在上呼吸道，如喉炎、气管炎等。

鼻液检查：健康家兔鼻孔清洁、干燥。当发现鼻孔周围有泥土黏着，说明鼻液分泌增加。应对它的表现、鼻液性状做进一步的检查。如鼻液增加，并伴有瘙痒感，用两前肢搔抓鼻部或向周围物体上摩擦并打喷嚏，提示为鼻道的炎症；如鼻液中混有新鲜血液、血丝或血凝块时，多为鼻黏膜损伤；如鼻液污秽不洁，且放恶臭味，可能为坏疽性肺炎，这时可配合鼻液的弹力纤维检查。检查方法：取鼻液少许，加等量的10%氢氧化钠溶液，在酒精灯上加热煮沸使之变成均匀一致的溶液后，加5倍蒸馏水混合，离心沉淀5～10分钟，倾去上清液，取沉淀物1滴置于载玻片上，盖上盖玻片，进行显微镜检查。弹力纤维细长弯曲如毛发状，具有较强的折光力。如发现有弹力纤维，则为坏疽性肺炎。

胸部检查：家兔的胸部检查应用不多。怀疑肺部有炎症时，进行胸部透视或摄片检查，可以提供比较可靠的诊断。

③泌尿生殖系统检查

排尿姿势检查：排尿姿势异常主要有排尿失禁和排尿带痛。尿失禁是家兔不能采取正常排尿姿势，不自主地经常或周期性地排出少量尿液，是排尿中枢损伤的指征。排尿带痛是家兔排尿时表现不安、呻吟、鸣叫等，见于尿路感染、尿道结石等。

排尿次数和尿量检查：家兔排尿次数不定，日排尿量为100～250毫升。排尿量增多见于大量饮水后、慢性肾炎或渗出性疾病（渗出性胸膜炎等）的吸收期。排尿次数减少，尿量也减少，见于急性肾炎、大出汗或剧烈腹泻等。尿失禁见于腰荐部脊柱损伤或膀胱括约肌麻痹。

生殖器检查：此项检查在选种时尤为重要。检查母兔时，注意乳腺发育情况及乳头数量（一般为8个），乳腺有无肿胀或乳头有无损伤，外生殖器有无变形；检查公兔时，要注意体质、性欲、睾丸发育等情况，合格种公兔应该是精神饱满，体质健康，性欲旺盛，睾丸发育良好、匀称。

37. 怎样测定家兔的体温?

一般采用肛门测温法，测温时，用左臂夹住兔体，左手提起尾巴，右手将体温表插入肛门，深度3.5～5厘米，保持3～5分钟。家兔的正常体温为38.5～39.5℃。对家兔进行体温测定，有助于推测和判定疾病的性质。若出现高热，多属于急性全身性疾病；无热或微热多为普通病；大失血或中毒以及濒死前，往往体温低于常温，预后不良。

38. 怎样进行兔粪无害化处理?

（1）粪便清理　收集兔粪便集中堆放于贮粪池。贮粪池一般建在紧靠养兔场的围墙边，以便于粪车通过围墙的倒粪口向外倾倒粪便，避免场内外的疫病交叉感染。贮粪池应建有雨棚，及时清运粪便，不可让雨水冲淋粪便造成二次污染。

(2) 粪便堆肥发酵处理 养兔场贮粪池中的粪便应及时作发酵处理。兔粪渣可直接堆肥发酵，如粪渣和尿液混杂在一起，含水量较高时，要加入适量砻糠、木屑、秸秆粉等调理剂，用量在10%左右，使湿粪含水量调节到60%，再堆肥发酵。在堆肥时应在粪堆外封塑料膜，使粪堆密封。也可就近挖坑，将粪便倒入坑中，倒一层粪便加一层杂草，粪坑加满后用泥土密封粪坑。用这两种方式处理时，一般粪堆中的温度可达到60℃以上，发酵处理1个月后就能有效地杀死和消除兔粪便中所含的病原菌、寄生虫卵、蝇蛆、杂草种子及不利于植物生长的有毒有害物质，可作为肥料使用。

(3) 粪尿进入沼气池处理 养兔场排出的粪污还可以直接进入沼气池进行沼气发酵。由于经过厌氧发酵的沼液中还原性有毒有害物质较多，因此要让沼液在贮液池内停留1～2天后再利用。沼液可作为大棚作物的营养液来浇灌农田，也可通过喷滴灌系统适当稀释后施用。最好在养殖场周边专门设置一定面积的水塘或田地，种植莲藕、菱角、茭白等水生经济作物，沼液可作肥水灌溉，并起到氧化、净化塘水的作用。

39. 防止兔病发生要注意哪些管理事项?

(1) 以自繁自养为主，加强种兔选育，防止购进兔时将疾病带入。

(2) 对病兔要实行“四早”，即早发现、早诊断、早治疗、早淘汰。要做到早发现，要求饲管人员每日结合喂兔子和笼具清扫，进行大、小兔的健康检查，即根据兔子的食欲、饮水、排粪尿的状况、精神状态、被毛光泽和耳郭颜色等来判断兔子是否健康。这对实行病兔早诊断和及早控制疫情，减少疫病对兔群的危害和经济损失至关重要。

经诊断后，除对病症较轻的种兔、生产价值较高的商品兔应进行及早治疗外，对病情较重的仔兔或幼兔，患传染性疾病的病兔，愈后可能影响繁殖的种兔和患有遗传疾病的青年兔、幼兔等则应坚决实行早淘汰。

（3）强化综合性防治措施。综合防制措施，是为预防和扑灭传染病而制定的。从兔场规划开始，就应考虑有关病兔隔离、消毒的设施，如病兔隔离舍、消毒池及病死兔处理场所等的建设；强化日常饲养管理，保证饲料品质、环境卫生并做到定期消毒；根据本地疫病流行情况，制定适宜的免疫程序，适时接种疫苗；对兔群定期进行检疫；对粪便进行无害化处理等。

40. 做好兔场防疫工作应注意哪几个重要环节？

（1）兔场布局应科学：应划分生产区、隔离区和生活区。生产区应在隔离区的上风口，应专设消毒池；兔舍不宜过大，以单列或双列式兔舍为好；隔离舍应远离生产用兔舍；办公和生活区必须与生产用兔舍分离。

（2）新引入的兔须至少隔离 15 天以上，确定无病后才能让其与健康兔合群。

（3）外来人员、车辆不消毒不得进入生产区，一般应谢绝参观。为接待来客参观，可在生产区外设“参观廊”。

（4）保持兔舍清洁卫生，定期消毒，创造良好的生活环境（主要指温度、湿度、通风和光照等）。注意灭鼠、防蚊蝇。

（5）适时接种疫苗，并建立防疫及疫情记录、上报、防制等责任制度。

41. 隔离病兔要采取哪些措施？

兔场一旦发生传染病，应迅速将有病和可疑病兔隔离治疗。饲料、饮水和用具不得入内，在隔离舍进出口设消毒池，防止疫情的扩散和传播。

42. 剖检病死兔时要注意什么？

进行尸体剖检，尤其是剖检传染病尸体时，剖检者既要注意防止病原的扩散，又要预防自身的感染。所以要做好如下工作：

(1) 剖检场所的选择 为了便于消毒和防止病原的扩散，一般以在室内进行剖检为好，如条件不许可，也可在室外进行。在室外剖检时，要选择离兔舍较远，地势较高而又干燥的偏僻地点。并挖深达1.5米左右的土坑，待剖检完毕将尸体和被污染的垫物及场地的表面土层等一起投入坑内，再撒生石灰或喷洒消毒液，然后用土掩埋，坑旁的地面也应注意消毒。有条件的也可焚烧处理。

(2) 剖检人员的防护 可根据条件穿工作服，戴橡皮手套、穿胶靴等，条件不具备时，可在手臂上涂上凡士林或其他油类，以防感染。剖检传染病的尸体后，应将器械、衣物等用消毒液充分消毒，再用清水洗净，胶皮手套消毒后，要用清水冲洗、擦干、撒上滑石粉。金属器械消毒后要擦干，以免生锈。

(3) 剖检器械和药品的准备 剖检最常用的器械有：解剖刀、镊子（有钩和无钩均要）、剪刀、骨钳等，剖检时常用的消毒液有0.1%新洁尔灭溶液或3%来苏儿溶液。常用的固定液（固定病变组织用）是10%甲醛溶液或95%的酒精。此外，为了预防人员的受伤感染，还应准备3%碘酊、2%硼酸水、70%酒精和棉花、纱布等。

(4) 剖检方法 剖检时，将尸体腹面向上，用消毒液冲洗胸部和腹部的被毛。沿中线从下颌至性器官切开皮肤，离中线向每条腿作四个横切面，然后将皮肤分离。用刀或剪打开腹腔，并仔细地检查腹膜、肝、胆囊、胃、脾、肠道、胰脏、肠系膜及淋巴结、肾、膀胱及生殖器官。进一步打开胸腔（切断两侧肋骨、除去胸壁），并检查胸腔内的心脏、心包及其内容物，如肺、气管、上呼吸道、食管、胸膜以及肋骨等。如必要时，可打开口腔、鼻腔和颅腔。

(5) 剖检记录 尸体剖检的记录，是死亡报告的主要依据，也是进行综合分析研究的原始材料。记录的内容力求完整详细，要能如实的反映尸体的各种病理变化，因此，记录最好在检查病变过程中进行，不具备条件时，可在剖检结束后及时补记。对病变的形态、位置、性质变化等，要客观地用描述性的语言加以说明，切不要用诊断术语或名词来代替。

在进行尸体剖检时应特别注意尸体的消毒和无菌操作，以便对特

殊的病例可以采取病料送实验室诊断。

43. 病兔剖检时主要观察哪些脏器？

当家兔病因不明死亡时，应立即进行解剖检查，因为尸体剖检是准确诊断兔病的一个重要手段。一般常见的家兔疾病，通过对病死兔的剖检，根据病理变化特征、结合流行病学等的特点和死前临床症状，基本上能够初步作出诊断。

在进行尸体检查时，先剥去毛皮，然后沿腹中线切开，暴露内部器官。重点检查以下脏器：

（1）胸腔脏器检查

①肺脏的检查　正常的肺是淡粉红色，是海绵状器官，分左右两叶，由纵隔分开。左肺较小，分前叶和后叶两片。右肺较大，由前叶、中叶、后叶和中间叶组成，充满空气的两瓣膨胀后呈圆锥形，分为肋面、膈面和两肺之间由纵隔分开的纵隔面。首先分出左支气管入左肺。两侧支气管进入肺后分成无数的小支气管，并继续不断地分枝形成支气管树。末端膨大成囊状称为肺泡，是气体交换的主要场所。应该注意肺部有无炎症性的水肿、出血、化脓和结节等。如肺有较多的芝麻大点状、斑状出血，则为兔病毒性出血症（兔瘟）的典型病变；若肺充血或肝变，尤其是大叶，可能是巴氏杆菌病；肺脓肿可能是支气管败血波氏杆菌病、巴氏杆菌病。

②心脏的检查　心脏位于两肺之间偏左侧，相当于第2～4肋间处，心由冠状沟分为上下两部。上部为心房，壁薄，由房中隔分为左心房和右心房。主动脉、肺动脉及回心室静脉都通心房，下部为心室，壁较厚，心室也分左心室和右心室，两室之间有室中隔。左心室的肌肉层比右心室厚。与其他动物不同之处是兔的右心房室瓣是由大小两个瓣膜组成，安静时兔心跳80～90次/分，运动或受惊吓后会剧烈增加，如心包积有棕褐色液体，心外膜附有纤维素性附着物可能是巴氏杆菌病。胸腔积脓，肺和心包粘连并有纤维素性附着物，可能是支气管败血波氏杆菌病、巴氏杆菌病、葡萄球菌病和绿脓假单孢菌病。

（2）腹腔脏器检查

①胃的检查　兔是单胃，前接食道，后连十二指肠，横于腹腔前方，住于肝脏下方，为一蚕豆形的囊。与食道相连处为贲门，入十二指肠处为幽门。凸出部为胃大弯，凹入部为胃小弯，外有大网膜。胃黏膜分泌胃液。兔胃液的酸度较高，消化力很强，主要成分为盐酸和胃蛋白酶。健康家兔的胃经常充满食物，偶尔也可见到粪球或毛球。粪球是由于兔吃进自己的粪便所致，毛球是由于吃进自身或其他兔子的毛所致。前者是一种正常现象，后者是一种病理现象。如胃浆膜、黏膜呈充血、出血，可能是巴氏杆菌病。如胃内有多量食物，黏膜、浆膜多处有出血和溃疡斑，又常因胃内容物太充满而造成胃破裂为魏氏梭菌下痢病。

②肠的检查　与其他动物相同，分小肠和大肠两部分。兔的小肠由十二指肠、空肠、回肠组成。十二指肠为U形弯曲，较长，肠壁较厚，有总胆管和胰腺管的开口。空肠和回肠由肠系膜悬吊于腹腔的左上部，肠壁较薄，入盲肠处的肠壁膨大成一厚圆囊，外观为灰白色，约有拇指大，为兔特有的淋巴组织，称圆小囊。大肠由盲肠、结肠和直肠组成。兔的盲肠特别发达，为卷曲的锥形体。盲肠基部粗大，向尖端方向缓缓变细，内壁有螺旋形的皱褶瓣，是兔盲肠所特有的。盲肠的末端形成一细长、壁肥厚，色灰白的肠端称为蚓突。蚓突壁内有丰富的淋巴滤泡。结肠有两条相对应的纵横肌带和两列肠袋。其肠内容物在结肠内通过缓慢，可以充分消化。梭状部把结肠分为近盲肠与远盲肠。结肠的这种结构可能与兔排泄软硬两种不同的粪便有关。结肠与盲肠盘曲于腹腔的右下部，于盆腔处下行为较短的直肠，最后开口即为肛门。

家兔发生腹泻病时，肠道有明显的变化，如发生魏氏梭菌下痢病时，盲肠肿大，肠壁松弛，浆膜多处有鲜红出血斑，大多数病例内容物呈黑色或褐色水样粪便，并常有气体。黏膜有出血点或条状出血斑。若患大肠杆菌下痢病时，小肠肿大，充满半透明胶样液体，并伴有气泡，盲肠内粪便呈糊状，也有的兔肠道内粪便像大白鼠粪便，外面包有白色黏液。盲肠的浆膜和黏膜充血，严重者会出血。

③肝、脾的检查　家兔脾脏呈暗红色，长镰刀状，位于胃大弯

处，有系膜相连，使其紧贴胃壁，是兔体内最大的淋巴器官。同时，脾脏也是个造血器官。脾与胃接触面为脏侧面，上有神经、血管及淋巴管的经路，称为脾门。脾脏相当于血液循环中的一个滤器，没有输入的淋巴管。当感染病毒性出血症（兔瘟）时呈紫色，肿大。若感染伪结核病，常可见脾脏肿大5倍以上，呈紫红色，有芝麻绿豆大的灰白色结节。检查肝脏是否有肿大、淤血、坏死或肝球虫结节。

④肾的检查 兔的肾脏是卵圆形，右肾在前，左肾在后，位于腹腔顶部及腰椎横突直下方。在正常情况下由脂肪包裹，呈深褐色，表面光滑。有病变的肾脏可见表面粗糙、肿大，有白色、红色点状出血或弥漫性出血等。

⑤膀胱的检查 膀胱是暂时贮存尿液的器官，无尿时为肉质袋状，在盆腔内；当充盈尿液时可突出于腹腔。家兔每日尿量随饲料种类和饮水量不同而有变化。幼兔尿液较清，随生长和采食青饲料和谷粒饲料后则变为棕黄色或乳浊状。并有以磷酸铵、磷酸镁和碳酸钙为主的沉淀。家兔患病时常见有膀胱积尿，如球虫病，魏氏梭菌病等。

⑥卵巢的检查 母兔的卵巢位于肾脏后方，小如米粒，常有小的泡状结构，内含发育的卵子。子宫一般与体壁颜色相似。若子宫扩大且含有白色黏液则表明可能感染了沙门氏杆菌、巴氏杆菌或李氏杆菌等。

⑦公兔生殖器的检查 公兔生殖器也应注意检查。

44. 家兔春季常发的疾病有哪些？

（1）腹泻 为家兔春季常见的疾病，其发病率和死亡率都很高。引发该病的原因较多，大体上可分为两大类，即传染性因素和非传染性因素。非传染性腹泻往往会因家兔的抵抗力降低而继发细菌感染，使病情恶化。

［发病原因］

①传染性致病因素 主要由病毒、细菌（如大肠杆菌、沙门氏菌、葡萄球菌、魏氏梭菌）、寄生虫（如球虫、蠕虫）和霉菌等病

原微生物引起。这些致病微生物损伤家兔的肠道黏膜上皮，引起肠道发炎并产生毒素，导致肠毒血症，使体液大量渗入肠腔，引起腹泻。

②非传染性因素　主要是由于饲养管理不当引起，如突然变换草料、断奶过早或刚断奶后贪食过多，兔舍寒冷潮湿，投喂腐败发霉的饲料，采食有露水的饲草或冰冻饲料，饮用不洁水等。

［**防治方法**］首先要查找致病原因，消除致病因素。停止或减少投喂精饲料，增加优质干草的投喂量，服用促菌生片、乳酶生片或酵母片。促菌生片按每千克体重每天内服 0.5 克或每只家兔每天内服 0.5～1 克计算，用来调整家兔整个肠道的菌群结构，恢复肠道的微生态平衡。在发病的初期，要以注射药物为主，抗菌药物要慎用，不能内服抗生素类药物。腹泻严重时要及时补液，最好选用 5%～10%的葡萄糖生理盐水进行静脉注射，每只兔另加维生素 C 40～50 毫克。严重脱水的家兔，可皮下注射 5%的葡萄糖生理盐水溶液 30～50 毫升。在病兔的恢复期内投喂健胃药，每只家兔用人工盐 0.5 克、龙胆粉 0.5 克、小苏打 0.3 克、酵母片 1～2 片混合后内服。

家兔腹泻大多是由饲料因素引起，因此要保证所用饲料的质量。青草要新鲜清洁，精料不能发霉变质。不要让家兔过饥或过饱，不喂带水的饲草和冰冻饲料。搞好环境的消毒工作，定期驱虫。定期在饲料中添加微量元素（如铜）也有利于预防家兔腹泻。

(2) 巴氏杆菌病　春季天气多变易发此病，该病因病菌的感染途径与病程不同分多种类型，但以鼻炎型最为常见。患兔鼻液增多、流出，病兔常打喷嚏和咳嗽，因鼻部不适常用前爪抓擦鼻部，上唇和鼻孔周围常见红肿现象。

［**预防**］可每只兔皮下注射 1～2 毫升巴氏杆菌灭活疫苗。

［**治疗**］鼻炎型，可用 2 万单位/毫升卡那霉素滴鼻，每日滴 3～4 次，每次滴 3～4 滴。

45. 怀孕母兔可以驱虫吗？

对怀孕母兔一般不要求进行驱虫。如果环境卫生较好，一般不易

发生寄生虫病。驱虫药物对孕母兔都有些不良影响，如果用阿维菌素类药影响还要大些。

46. 规模化兔场如何驱虫?

（1）驱虫程序　根据兔场寄生虫病流行情况，筛选出高效驱虫药物。首先对全场兔群普遍注射一次伊维菌素或阿维菌素。种兔产仔前，10～15 天皮下注射伊维菌素或阿维菌素，仔兔断奶前一周左右皮下注射伊维菌素或阿维菌素，目的是防止个别带虫者混群后传染；仔兔混群后一周全部注射伊维菌素或阿维菌素，目的是杀死皮内虫卵孵的幼虫。引进种兔需注射伊维菌素或阿维菌素及饲喂抗球虫药物，并要隔离饲养一个月左右确诊无病后方可合群混养。预防球虫可以选择 3～5 种不同类别的抗球虫药按预防剂量拌料给药，交替使用，每个月连续喂 10～15 天，最好在一个喂药期之前和结束后抽粪样检查球虫卵囊，以观察预防效果，便于指导下一次用药。使用一种抗球虫药不超过 3 个月，以免产生耐药性，更换药物时不得使用同一类药。

（2）驱虫对象　兔寄生虫病的防治重点是球虫和螨。4～5 月龄的兔球虫感染率可高达 100%。患病后幼兔的死亡率一般可达 40%～70%。疥螨病是由疥螨和耳螨寄生而引起的一种慢性皮肤病。该病可致皮肤发炎、剧痒、脱毛等，影响增重甚至造成死亡。兔痒病是由兔痒螨寄生于兔外耳道而引起的慢性皮肤病，会影响增重，病变延至筛骨及脑部可引起癫痫发作，甚至死亡。

（3）药物选择与应用原则　首先应考虑选择抗虫谱广的药物；其次是合理安排用药时间，以免用药次数过多而造成应激反应；最后是选择药效好、毒副反应小、使用方便的药物。

①抗球虫药物　预防效果较好，毒副反应小的药物主要有莫能菌素和杀球灵。

磺胺类药物虽然有较好的治疗作用，但由于长期用作预防药，易产生出血性综合征、肾损害及生长抑制等毒性反应，因此磺胺药物通常宜用作治疗药物。

莫能菌素属于聚醚类离子载体抗生素，按 0.002%剂量混于饲料中拌匀制成颗粒饲料饲喂1～2月龄幼兔有较好的预防作用，在球虫污染严重地区或暴发球虫病时，用0.004%剂量混于饲料中喂服可以预防和治疗兔球虫病。

杀球活性成分为三嗪苯乙腈，其商品名有克利禽、伏球、扑球、地克珠利等，每千克饲料或饮水0.5毫克连续用药效果良好。混料预防家兔肠型球虫、肝型球虫均有极好的效果，对氯苯胍有抗药性的虫株对该药敏感，可使卵囊总数减少99.9%，杀球灵应作为生产中预防兔球虫的首选药物。

三嗪苯乙腈是一种非常稳定的化合物，即使在60℃的过氧化氢（氧化剂）中8小时亦无分解现象，即使置于100℃的沸水中5天，其有效成分亦不会崩解流失。因此，可以混入饲料中制作成颗粒饲料而药效不下降。

②杀螨药物和驱线虫药物　伊维菌素和阿维菌素既可杀螨又可驱线虫，而且效果颇好。阿维菌素和伊维菌素对兔疥螨和兔痒螨的有效率为100%，用药后一周即查不到活螨。使用剂量均为每千克体重0.2毫克。但由于重复感染必须用药2次，间隔时间一般为2周左右。浇泼剂以每千克体重0.5毫克用药一次，对兔痒螨的防治效果显著。

第二章　兔传染病

47. 什么是传染病？兔的传染病是怎样传播的？

传染病是由某种特殊的病原体（如细菌、病毒、寄生虫等）所引起的、具有传染性的疾病。传染病与其他疾病不同，其主要特征是：①具有特异的病原体；②有传染性；③有流行性、季节性、地方性；④有一定潜伏期；⑤有特殊的临床表现。

兔传染病的传播是由特定的病原微生物经过一定的传播途径侵入易感兔体内造成发病，从而引起疾病的发生和传播。兔传染病的传播是由传染源、传播途径和易感兔三个环节构成的。切断任何一个环节都可以使传染病终止流行。

（1）传染源　发病兔、病死兔、带菌（病毒、寄生虫）的健康兔向外界环境排出的病原微生物，以及被病原微生物污染的场地、饲料、饮水、用具等都是传染源。

（2）传播途径　兔的消化道、呼吸道、伤口、生殖道都是传播途径。病原微生物可通过兔采食、饮水进入消化道而感染，也可通过呼吸、咳嗽、喷嚏感染，或通过创伤的皮肤、黏膜、吸血昆虫叮咬传染，还可通过交配而传染。

（3）易感兔　当饲养管理不当、卫生条件不良，或没有进行有效的预防接种时，兔对病原微生物缺乏有效的抵抗力而易感染发病，称为易感兔。易感兔受到病原微生物感染又成为新的传染源，再次污染环境，感染新的易感兔，如此循环下去就形成了疫病的流行，造成巨大的危害。

48. 什么是兔瘟？怎样诊断兔瘟？

兔瘟是由病毒引起的一种急性、热性和败血性传染病。一年四季均可发生，各种家兔均易感。3月龄以上的青年兔和成年兔发病率和死亡率最高（可高达95%以上），断奶幼兔有一定的抵抗力，哺乳期仔兔基本不发病。但近年来兔瘟发病有幼龄化的趋势，发病比较缓和，症状不典型，称为慢性兔瘟。兔瘟可通过呼吸道、消化道、皮肤等多种途径传染，潜伏期为48～72小时。

［**临床症状**］可分为3种类型。

（1）最急性型　无任何明显症状即突然死亡。死前多有短暂兴奋，如尖叫、挣扎、抽搐、狂奔等。有些患兔死前鼻孔流出泡沫状的血液。这种类型病例常发生在流行初期，见图2-1。

（2）急性型　精神不振，被毛粗乱，迅速消瘦。体温升高至41℃以上，食欲减退或废绝，饮欲增加。死前突然兴奋，尖叫几声便倒地死亡。

以上2种类型多发生于青年兔和成年兔，患兔死前肛门松弛，流出少量淡黄色的黏性稀便。

（3）慢性型　多见于流行后期或断奶后的幼兔。体温升高，精神不振，不爱吃食，爱喝凉水，消瘦。病程2天以上，多数可恢复，但仍为带毒者，可感染其他家兔。

［**病理变化**］病死兔出现全身败血症变化，各脏器都有不同程度的充血、出血和水肿。喉头、气管黏膜淤血或弥漫性出血，以气管环最明显；肺高度水肿，有大小不等的出血斑点，切面流出多量红色泡沫状液体；肝脏肿胀变性，呈土黄色，或淤血呈紫红色，有出血斑；肾肿大呈紫红色，常与淡色变性区相杂而呈花斑状，有的见有针尖状出血；脑和脑膜血管淤血，脑下垂体和松果体有血凝块；胸腺出血，见图2-2至图2-6。

［**诊断**］根据临床症状和病理变化可以作出初步诊断。

实验室诊断方法如下：

①本动物接种试验　选择体重1.5～2千克的健康敏感家兔4只，

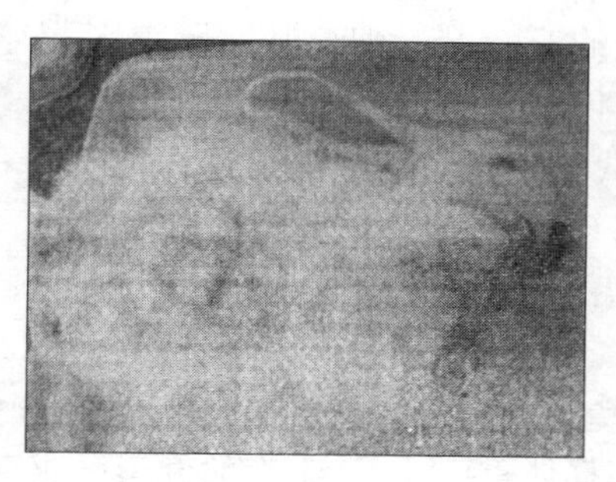

图 2-1 兔 瘟
鼻孔流出血液。

图 2-2 兔 瘟
气管黏膜和肺出血。

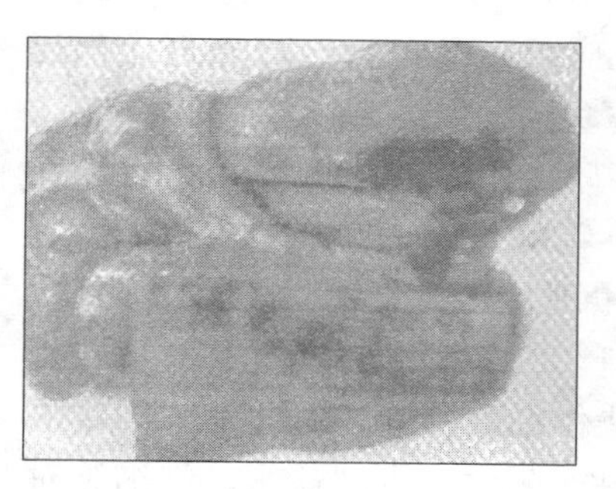

图 2-3 兔 瘟
肺出血。

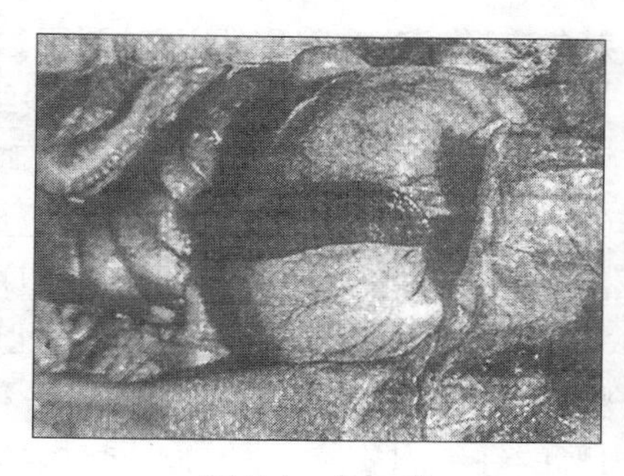

图 2-4 兔 瘟
脾脏肿大呈紫黑色。
(张振华摄)

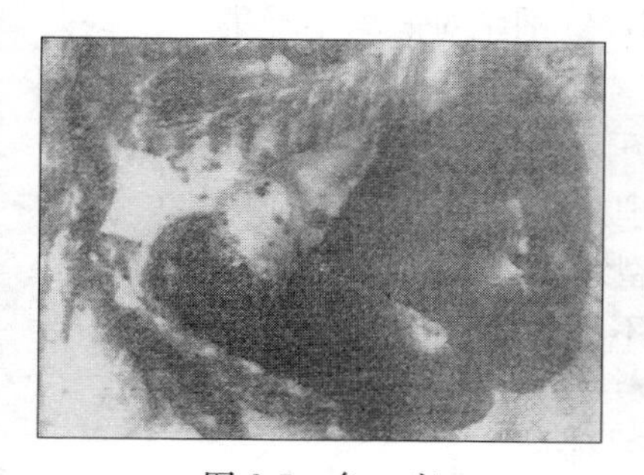

图 2-5 兔 瘟
肺及心外膜出血，肝呈土黄色。
(范国雄摄)

图 2-6 兔 瘟
胃肠浆膜出血，肾肿大呈紫黑色。
(范国雄摄)

试验组2只，对照组2只。将死亡兔的心、肝、脾、肺、肾混合捣碎，用生理盐水按1∶10稀释（重量/体积），4层纱布过滤，滤液中加入青霉素和链霉素各1 000单位。试验组家兔皮下注射组织液1.0毫升/只，对照组家兔注射生理盐水1.0毫升/只。试验组兔应于接种后48～96小时全部死亡，且具有典型的兔瘟病变。对照组家兔连续观察10天应健活。

②本动物免疫攻毒试验　将死亡兔的心、肝、脾、肺、肾混合捣碎，按常规方法制成组织灭活疫苗。选择体重1.5～2千克的健康敏感家兔4只，分成免疫组2只，对照组2只，免疫组皮下注射疫苗1.0毫升/只，对照组注射生理盐水1.0毫升/只，7天后试验组和对照组均注射兔瘟强毒1.0毫升/只。对照组家兔应于攻毒后48～72小时全部死亡，且具有典型的兔瘟病变，试验组家兔连续观察10天应健活。

③血凝试验　将死亡兔的肝脏磨碎，用生理盐水按1∶10稀释（重量/体积），加入氯仿处理，10 000转/分，离心5分钟，取上清液作为待检样品。将人O型红细胞用生理盐水反复洗3～5次（每次3 000转/分，离心3～5分钟），配成1%的红细胞悬液。用V形孔板将待检样品以生理盐水按2倍稀释法作系列稀释，每孔加入等量的1%的红细胞悬液，混匀，同时设阳性、阴性、生理盐水、红细胞对照，室温下静置30分钟后观察结果。待检样品对人O型红细胞呈明显的凝集反应，凝集价不低于1∶256，阳性对照组红细胞呈明显的凝集反应，阴性对照、生理盐水对照、红细胞对照均不凝集。

④血细胞凝集抑制试验　将含有4个血凝单位稀释度的病料上清液加入96孔V形板内，每孔25微升，再加入经56℃灭能的1∶10的兔瘟高免血清25微升，同时设生理盐水对照，混匀，置37℃温箱作用30分钟，再每孔加入1%人O型红细胞悬液25微升，混匀，室温静置15分钟，观察结果。血清组不出现凝集反应，对照组出现凝集，即可确诊。

49. 怎样防治兔瘟？有无特效的治疗方法？

本病尚无特效药物治疗，预防接种是防制兔瘟的最佳途径。

（1）选用优质的疫苗 严禁使用无批准文号或中试字的疫苗，要选用正规厂家生产的有批准文号的疫苗。因为无批准文号或中试字的疫苗未经过国家的批准，质量得不到保证。

（2）制定合理的免疫程序 规模兔场要根据本场实际制定适合本场的免疫程序。一般35日龄用兔瘟单苗首免，每只颈部皮下注射2毫升；60～65日龄用兔瘟单苗或兔瘟、巴氏杆菌二联苗二免，每只颈部皮下注射2毫升。如留用种兔，以后每隔4～6个月免疫注射一次，每只颈部皮下注射2毫升。

（3）合理把握疫苗的免疫剂量 根据母源抗体效价的测定情况，合理使用疫苗。在有母源抗体的情况下，首免2毫升，而不是想象中的小兔1毫升、大兔2毫升。

（4）做好综合防制 兔场实行封闭式饲养，合理通风，饲喂全价饲料，及时清理粪污，定期进行消毒，病死兔要进行焚烧、深埋等无害化处理。

（5）发病后及时诊治 一旦发病应及时进行诊断，确诊后对假定健康兔或症状较轻微的兔进行紧急免疫，用兔瘟单苗2～3毫升注射；对出现症状且有治疗价值的兔可用兔瘟高免蛋黄抗体进行治疗，体重1.5千克以上的兔分点肌内注射10～12毫升/只，体重1.5千克以下的兔分点肌内注射5～10毫升/只，也可用兔瘟高免血清进行治疗，剂量为2月龄以下的兔肌内注射每千克体重2毫升，成年兔肌内注射每千克体重3毫升，待疫情稳定后（一般5天后）接种兔瘟组织灭活疫苗，每只注射2.0毫升，以后每4～6个月免疫一次。

50. 为什么免疫后兔群还会发生兔瘟？

（1）免疫程序问题 一些养殖户沿用传统的免疫程序即断奶后注射一次到出栏或宰杀。据有关报道，注射一次疫苗到80日龄，机体已不能抵抗兔瘟病毒的感染，因此必须进行二次免疫。

（2）疫苗质量问题 注射未经农业部批准生产的兔瘟疫苗，质量得不到保证，因此建议必须使用正规厂家生产的疫苗。

（3）疫苗保存不当 目前使用的兔瘟疫苗都是组织灭活疫苗，应保存于 4～8℃冰箱，保存期 10 个月，严禁结冰。

（4）注射方法不正确 正确的注射方法是颈部皮下注射，不要注入肌内或注漏。

（5）认识问题 有些家兔生产者存在侥幸心理或因农忙未及时注射疫苗而导致发生本病。

51. 兔轮状病毒性腹泻的流行特点、临床症状和解剖病变有哪些？怎样防治？

仔兔轮状病毒感染是由轮状病毒引起幼龄兔以呕吐、腹泻、脱水为主要特征的一种急性胃肠道传染病。

［**流行特点**］主要发生于 2～6 周龄仔兔，尤以 4～6 周龄仔兔最易感，发病率可达 90%～100%，死亡率极高。青年兔和成年兔呈隐性感染而带毒。病兔和隐性感染兔是主要的传染源。病毒通过消化道感染。该病发病突然，传播迅速，兔群一旦发病，以后可能每年都会发生，不易根除。晚秋至早春为多发季节，发病后 2～3 天内常因脱水而死亡。

［**症状**］患兔初期精神不振、厌食，继而腹泻、昏睡、废食、体重减轻和脱水。体温不高，常排出半流质或水样粪便，内含黏液或血液。一般多数兔出现下痢后 2～4 天死亡，只有少数病兔康复。青年兔和成年兔常无明显症状。

［**病变**］轮状病毒主要侵害消化道，尤其是小肠和结肠黏膜上皮细胞，使肠黏膜脱落。小肠广泛充血肿胀，结肠肿胀淤血，盲肠扩张并充满大量液体内容物。

［**防治**］坚持自繁自养，不从有本病流行的兔场引进兔。必须引进时要做好疫情调查工作。平时加强饲养管理，提高兔抗病力，减少疾病发生。

本病尚无特效药治疗。兔场发生本病时，要立即隔离，全面消毒；病死兔、排泄物、污染物要深埋或焚烧；对病兔加强护理，及时补液，可口服人工补液盐，或用电解质复合多种维生素饮水，同时使用抗生素进行治疗，防止继发感染。使用兔轮状病毒抗血清注射有一定疗效。

52. 兔痘有哪些临床症状？怎样防治？

[临床症状] 本病是由兔痘病毒引起的兔的一种高度接触性传染病，以鼻腔、结膜渗出液增加和皮肤红疹为特征。本病可发生于各种年龄的兔，但以青年兔和妊娠母兔最易感。病原体主要通过口鼻分泌物的飞沫在空气中传播。也可经污染的饲料或饮水传染。呼吸道与消化道是主要的感染途径。本病传播迅速，但病兔康复后不带毒。

本病潜伏期 2～14 天，病初发热至 41℃，流鼻液，呼吸困难。全身淋巴结尤其是腹股沟淋巴结、腘淋巴结肿大坚硬。同时皮肤出现红斑，继而发展为丘疹，丘疹中央凹陷坏死成脐状，最后干燥结痂，病灶多见于耳、口、腹、背和阴囊处。眼结膜发炎，流泪或化脓。公、母兔生殖器均可出现水肿，发炎肿胀，孕兔可流产。通常病兔有运动失调、痉挛、眼球震颤、肌肉麻痹等神经症状。

[病变] 皮肤、口腔、呼吸道及肝、脾、肺等出现丘疹或结节；淋巴结、肾上腺、唾液腺、睾丸和卵巢均出现灰白色坏死结节；相邻组织发生水肿和出血。

本病常伴发鼻炎、喉炎、支气管炎、肺炎、胃肠炎等症状，或有怀孕母兔流产现象。

[防治] 除一般性防制措施外，目前本病尚无有效的治疗办法，主要是坚持兽医卫生防疫制度，严格消毒，隔离检疫等措施。在本病流行地区和受威胁地区可接种牛痘疫苗进行免疫预防。暴发本病的兔群可用牛痘疫苗进行紧急接种。对病兔可选用人的抗天花病毒新药、利福平或中药进行尝试性治疗。

53. 传染性水疱性口炎的临床症状有哪些？怎样防治？

本病多发生于春、秋两季，自然感染的主要途径是消化道。对家兔口腔黏膜人工涂布感染，发病率达 67％；肌内注射也可感染，潜伏期为 5～7 天。主要侵害 1～3 月龄的幼兔，最常见的是断奶后 1～2 周龄的幼兔，成年兔较少发生。健康兔食入被病兔口腔分泌物或坏死黏膜污染的饲料或水，即可感染。饲喂发霉饲料或存在口腔损伤等情况时，更易发病。

[症状] 潜伏期5～7天。被感染的家兔病初舌、唇和口腔黏膜潮红、充血，继而出现粟粒大至扁豆大的水疱和小脓疱，水疱和脓疱破溃，发生烂斑，形成大面积的溃疡面，同时有大量唾液（口水）沿口角流出。若病兔继发感染坏死杆菌，则可引起患部黏膜坏死，并伴有恶臭。由于患兔流口水，使得唇外周围、颌下、颈部、胸部和前爪的被毛湿成一片，局部皮肤常发生炎症和脱毛，病兔不能正常采食。继发消化不良，食欲减退或废绝，精神沉郁，并常发生腹泻，日渐消瘦，一般病后5～10天衰竭而死亡。死亡率常在50%以上。患兔大多数体温正常，仅少数病例体温升至41℃左右。

[预防]

（1）加强饲养管理，不喂霉烂变质的饲料。笼壁平整，以防尖锐物损伤口腔黏膜。不引进病兔，春秋两季做好卫生防疫工作。

（2）对健康兔可用磺胺二甲基嘧啶预防，每千克精料拌入5克，或每千克体重0.1克口服，每天1次，连用3～5天。

[治疗]

（1）发病后要立即隔离病兔，并加强饲养管理。兔舍、兔笼及用具等用20%火碱溶液、20%热草木灰水或0.5%过氧乙酸消毒。

（2）进行局部治疗，可用消毒防腐药液（2%硼酸溶液、2%明矾溶液、0.1%高锰酸钾溶液、1%盐水等）冲洗口腔，然后涂搽碘甘油。

（3）用磺胺二甲基嘧啶治疗，每千克体重0.1克口服，每天1次，连服数天，并用小苏打水作饮水。

（4）采用中药治疗，可用青黛散（青黛10克、黄连10克、黄芩10克、儿茶6克、冰片6克、明矾3克研细末即成）涂搽或撒布于病兔口腔，每天2次，连用2～3天。

54. 黏液瘤病的症状有哪些？怎样防治？

兔黏液瘤病是由兔黏液瘤病毒引起的一种高度接触传染性和高度

致死性传染病，特征为全身皮肤尤其是面部和天然孔周围发生黏液瘤样肿胀。因切开黏液瘤时从切面流出黏液蛋白样渗出物而得名。

［症状］ 潜伏期 4～11 天，平均约 5 天，由于病毒不同，毒株间毒力差异较大，兔的不同品种及品系间对病毒的易感性高低不同，所以本病的临床症状比较复杂。

感染强毒力南美毒株的易感兔，3～4 天即可看到最早的肿瘤，但要第 6、7 天才出现全身性肿瘤。病兔眼睑水肿，发生黏液脓性结膜炎和鼻漏，头部肿胀呈“狮子头”状。耳根、会阴、外生殖器和上下唇显著水肿。身体的大部分、头部和两耳，偶尔在腿部出现肿块。病初硬而凸起，边界不清楚，进而充血，破溃流出淡黄色的浆液。病兔直到死前不久仍保持食欲。病程一般8～15 天，死前出现惊厥，病死率 100%。

感染毒力较弱的南美毒株或澳大利亚毒株，轻度水肿，有少量鼻漏和眼垢以及界限明显的结节，病死率低。

感染加州毒株的易感兔，经 6～7 天眼睑、肛门、外生殖器以及口、鼻周围发生炎性水肿。第 9 或 10 天皮肤出血，伴有坏死。病兔肿瘤症状不明显。病死率 90%以上，死前也常有惊厥。

感染强毒力欧洲毒株病兔，全身各部都可出现肿瘤，但耳部较少见到。10 天后肿瘤破溃，流出浆液性液体。颜面明显水肿，头呈“狮子头”外观。眼鼻流出浆液性分泌物。病死率 100%。

自然致弱的欧洲毒株，所致疾病比较轻微，肿块扁平。病死率较低。

近年来，在一些集约化养兔业较发达的地区，本病常呈呼吸型。潜伏期长达 20～28 天。接触传染，无媒介昆虫参与，一年四季都可发生。病初呈卡他性鼻炎，继而发生脓性鼻炎和结膜炎。皮肤病损轻微，仅在耳部和外生殖器的皮肤上见有炎症斑点，少数病例的背部皮肤有散在性肿瘤结节。

痊愈兔可获 18 个月的特异性抗病力。

［防制］ 严禁从有黏液瘤病发生和流行的国家或地区进口兔及兔产品。毗邻国家发生本病流行时，应封锁国境。引进兔种及兔产品时，应严格港口检疫。新引进的兔须在防昆虫动物房内隔离饲养 14

天，检疫合格者方可混群饲养。在发现疑似本病发生时，应向有关业务单位报告疫情，并迅速作出确诊，及时采取扑杀病兔，销毁尸体，用2%～5%福尔马林液彻底消毒污染场所，紧急接种疫苗，严防野兔进入饲养场，杀灭吸血昆虫等综合性防治措施。

本病目前无特效的治疗方法。预防主要靠注射疫苗。国外使用的疫苗有 Simpe 氏纤维瘤病毒疫苗，预防注射 3 周龄以上的兔，4～7 天产生免疫力，免疫保护期 1 年，免疫保护率达 90%以上。近年来推荐使用的 MSD/S 株和 MEI116005 株疫苗，都安全可靠，免疫效果更好。

55. 兔巴氏杆菌病的临床症状和剖检病变有哪些?

兔巴氏杆菌病是由巴氏杆菌所引起的一种传染病，家兔较常发生，一般无季节性，以冷热交替、气温骤变，闷热、潮湿多雨季节发生较多。当饲养管理不善、营养缺乏、饲料突变、过度疲劳、长途运输、寄生虫感染以及寒冷、闷热、潮湿、拥挤、圈舍通风不良、阴雨绵绵等时，兔抵抗力降低时，病菌易乘机侵入体内，发生内源性感染。病兔的粪便、分泌物可以不断排出有毒力的病菌，污染饲料、饮水、用具和外界环境，经消化道而传染给健康兔，或由咳嗽、喷嚏排出病菌，通过飞沫经呼吸道而传染，吸血昆虫作为传播媒介可通过皮肤、黏膜、伤口传染。

[临床症状] 潜伏期长短不一，一般从几小时到 5 天或更长。

(1) 鼻炎型　此型是常见的一种病型，其特征是有浆液性黏液或黏液脓性鼻漏。鼻部的刺激常使兔用前爪擦揉外鼻孔，使该处被毛潮湿并缠结。此外还有打喷嚏、咳嗽和鼻塞音等异常呼吸音存在。

(2) 地方流行性肺炎型　最初的症状通常是食欲不振和精神沉郁，病兔肺实质病变很厉害，但可能没有呼吸困难的表现，前一天体况良好的兔，次日早晨则可能发病死亡。病兔也有食欲不振，体温升高的，有时还出现腹泻和关节肿胀等症状，最后以败血症而死亡。

(3) 败血症型　该型可继发其他病型之后，也可在它们之前发生，以鼻炎和肺炎联合发生的败血症最为多见。病兔精神差，食欲差，呼吸急促，体温高达 41℃左右，鼻腔流出浆液型或脓性分泌物，有时也发生腹泻。临死前体温下降，四肢抽搐，病程短的 24 小时死亡，稍长的 3～5 天死亡。最急性的病兔，未见有临床症状就突然死亡。

（4）中耳炎型（又叫斜颈病）　单纯的中耳炎常不表现临床症状，能识别的病例中斜颈是主要的临床症状。斜颈的程度也不一致，严重的病例，兔向着头倾斜的方向翻滚，一直倾斜到抵住圈栏为止。病兔吃食和饮水较困难，体重减轻，可能出现脱水现象。如果感染扩散到脑膜和脑组织，就可能出现运动失调和其他神经症状，见图 2-7。

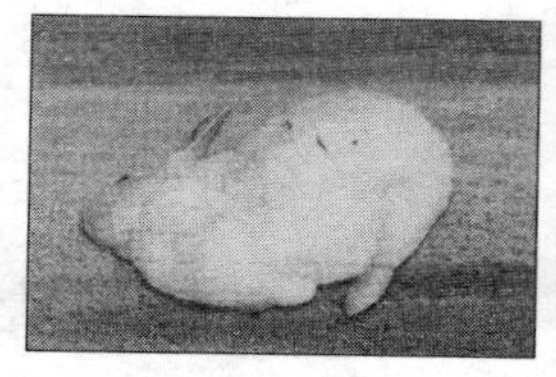
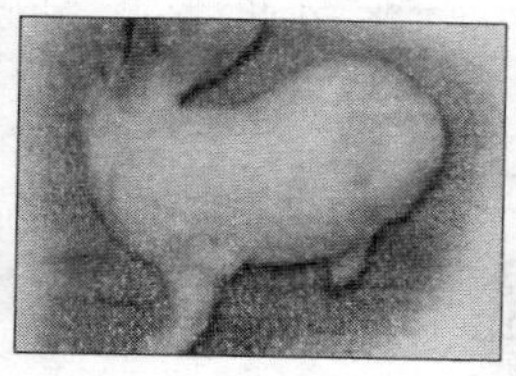
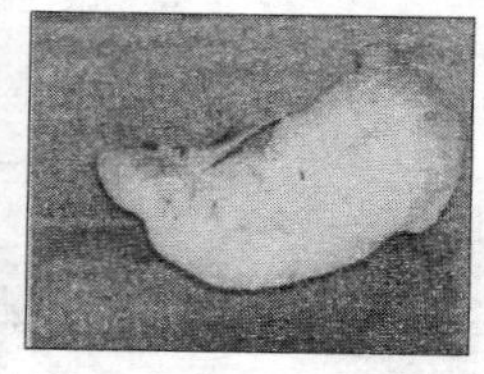

图 2-7　兔中耳炎
斜颈、转圈、倒地。
（李成喜摄）

（5）结膜炎型　主要发生于未断奶的仔兔及少数老年兔。临床症状主要是流泪，结膜充血发红，眼睑中度肿胀，分泌物常将上下眼睑粘住。

（6）脓肿、子宫炎及睾丸炎型　脓肿可以发生在身体各处。皮下脓肿开始时，皮肤红肿、硬结，后来变为波动的脓肿。子宫发炎时，母体阴道有脓性分泌物。公兔睾丸炎可表现一侧或两侧睾丸肿大，有时触摸感到发热。

［剖检病变］

（1）鼻炎型　病死兔鼻腔内有多量鼻漏。急性型病兔，鼻黏膜充血，鼻窦和副鼻窦黏膜红肿，鼻腔内有多量浆液或黏液性鼻漏。慢性型病兔，鼻漏为黏液性或黏液脓性，鼻黏膜呈轻度水肿、增厚。

（2）地方流行性肺炎型　病变常见于肺部的前下部，有实变、萎缩不全、灰色小结节、肺脓肿等。胸膜、肺、心包膜上有纤维素絮片。也有的病兔胸腔内充满混浊的胸水，见图 2-8 至图 2-10。

图 2-8　兔巴氏杆菌病
肺左膈叶气肿，尖叶、心叶、中间叶实变。
（李成喜摄）

图 2-9　兔巴氏杆菌病
肺出血、脓肿。
（范国雄摄）

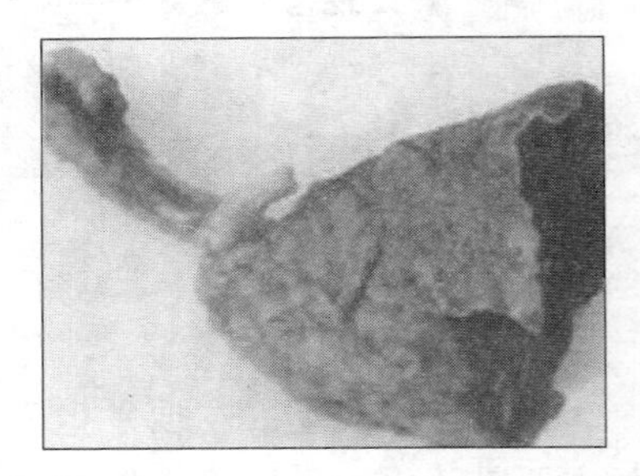

图 2-10　兔巴氏杆菌
纤维素性肺炎。
（范国雄摄）

(3) 败血症型　对于迅速死亡的病例，剖检看不到变化。病程稍长者，以败血性变化为主。败血症型病兔的解剖变化主要表现为全身性出血、充血或坏死。鼻腔黏膜充血，有黏液脓性分泌物；喉头和气管黏膜充血、出血，伴有多量红色或白色泡沫，肺严重充血、出血，高度水肿；心内外膜有出血斑点；肝脏变性，有许多小坏死点；脾、淋巴结肿大、出血；

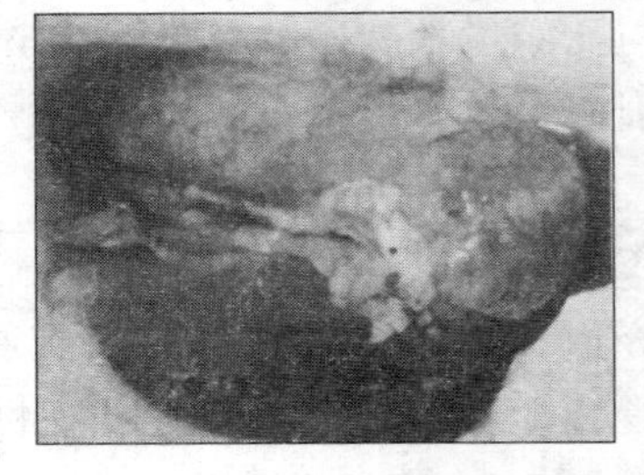

图 2-11　兔巴氏杆菌病
肺出血、肿大。

肠黏膜充血、出血；胸、腹腔有黄色积液，见图 2-11 至图 2-13。

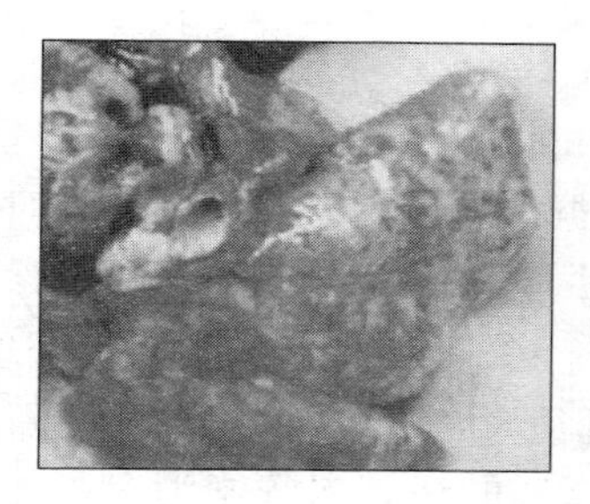

图 2-12　兔巴氏杆菌病
肺出血、肿大，气管内有白色泡沫。
（杨正摄）

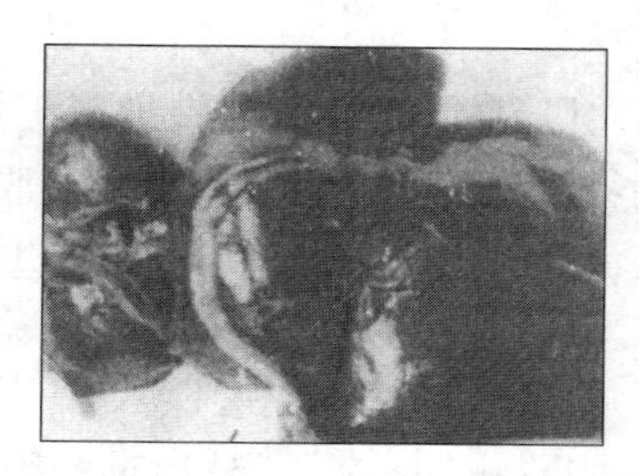

图 2-13　兔巴氏杆菌病
肝脏有白色坏死灶。
（杨正摄）

（4）中耳炎型　在一侧或两侧鼓室腔内有白色、奶油状的渗出物。病的初期鼓膜和鼓室腔内膜呈红色。化脓性渗出物充满鼓室腔，内膜上皮含有许多杯状细胞，并在黏膜下层浸润淋巴细胞和浆细胞。有时鼓膜破裂，渗出物溢向外耳道。中耳和内耳炎向脑蔓延可造成化脓性脑膜脑炎。

（5）结膜炎型　病兔病眼羞明流泪，结膜潮红，分泌物增多。严重病例，分泌物由浆液性转为黏液性或脓性，眼睑肿胀，常被分泌物粘住。炎症可转为慢性，红肿消退，但流泪经久不止。

（6）脓肿、子宫炎及睾丸炎型　脓肿可能发生于全身皮下和多种实质器官。脓肿内含有白色、黄褐色奶油状的脓汁，病程长者多形成纤维素性包囊。母兔子宫炎和子宫蓄脓，公兔睾丸炎和附睾炎。感染母兔阴道可能有浆液性、黏性或脓性分泌物流出。剖检可见母兔子宫扩张，常有水样渗出物或脓性渗出物。公兔主要表现为一侧或两侧睾丸肿大，质地硬实。

56. 治疗兔巴氏杆菌病的常用药物有哪些？

青霉素、链霉素、卡那霉素、庆大霉素、红霉素、磺胺二甲嘧啶、磺胺嘧啶、氟苯尼考、环丙沙星、恩诺沙星等。

57. 怎样防治兔巴氏杆菌病?

[预防] 加强饲养管理，严格消毒和隔离，严禁其他畜禽和野生动物进场，防止病原传入。经常检查兔群，看是否有患病个体，对有流涕、打喷嚏的可疑兔及时检出，隔离饲养、治疗或淘汰，对确诊而又不可救治的兔要扑杀，与死兔一同进行深埋或焚烧等无害化处理，对病兔所在的群体和环境、用具等进行消毒，如场地用20%的石灰乳或3%的来苏儿溶液消毒，用具可用2%的烧碱水洗刷消毒，并对群体进行药物防治。

坚持自繁自养，创造卫生清洁、隔离完善的环境条件，如必须引进兔，要进行疫情调查，不引进疫区兔。对引进的兔要隔离饲养一定时间（30天左右），确无病害时，方可入群。

定期对环境用具消毒。菌体对环境及普通的消毒药抵抗力不强，在干燥和直射阳光下很快死亡，一般常用的消毒药可立即将其杀死，5%的石炭酸、1%的漂白粉、5%～10%的热石灰水等作用1分钟均可杀死病原菌，都可作为预防消毒用药。

最重要的是定期进行疫苗接种，30日龄进行初免，用兔巴氏杆菌氢氧化铝灭活疫苗皮下注射，1毫升/只，或用兔巴氏杆菌—魏氏梭菌二联苗皮下注射，2毫升/只，或用兔瘟—巴氏杆菌二联苗皮下注射2毫升/只，或用兔瘟—巴氏杆菌—魏氏梭菌三联苗皮下注射2毫升/只。以后每4～6个月免疫一次，一年免疫2～3次。

[治疗] 本病可用抗生素进行治疗。用青霉素每千克体重2万单位、链霉素每千克体重2万单位肌内注射，每天2次，连用3～5天，可有效控制本病。

红霉素肌内注射每千克体重10万～15万单位，效果也显著。卡那霉素肌内注射，每千克体重2万单位，每天2次，连用3天，效果也好。庆大霉素肌内注射每千克体重2万单位，每天2次，连用3天，效果也很好。四环素针剂肌内注射每千克体重30～40毫克，每天1次，连用3天，效果也非常显著。

磺胺二甲嘧啶内服，每千克体重0.1克，每天1～2次，连用5

天。或用磺胺嘧啶内服，每千克体重 0.1～0.3 克，每天 2 次，连用 5 天，首次量加倍。

还可用氟苯尼考肌内注射，效果很好。

对鼻炎型慢性病例，可用青霉素、链霉素滴鼻，每毫升含 2 万单位，每天 2 次，连用 5 天，同时肌内注射卡那霉素每千克体重 2 万单位，每天 2 次，连用 3 天，配合土霉素每千克体重 0.025～0.04 克混料饲喂，每天 1 次，连用 5 天，效果显著。

58. 兔波氏杆菌病有何临床症状和剖检病变？怎样防治？

[临床症状] 病兔主要表现为鼻炎型和支气管肺炎型。前者表现为鼻黏膜充血，流出浆液或黏液，通常不见脓液。后者表现为鼻炎长期不愈，自鼻腔流出黏液或脓液，打喷嚏，呼吸加快，食欲减退，日渐消瘦，病程可持续达几个月。一般根据病兔出现鼻炎、鼻黏膜充血和流出多量不同的鼻液，可做初步诊断。

[解剖病变] 支气管充血，内有黏液脓性分泌物。肺脏有多量粟粒大或少量如栗子大的脓疱，切开脓疱流出乳白色奶油样脓液。有的病例胸腔有多量黄色稀薄的脓性积液，胸膜及心包均呈纤维素性化脓性炎症。心肌上有广泛灰白色坏死灶。有的病兔肝脏上有大量粟粒大至豌豆大的脓疱。偶见腹腔充满脓液，呈弥漫性化脓性腹膜炎。肝表面被覆灰白色脓液，肝脏边缘处有多量大小不等的灰白色坏死灶，肝膈面中部有大小不等的坏死区。大网膜出血，盲肠浆膜广泛出血。

[预防]

（1）建立无波氏杆菌病的兔群　坚持自繁自养，避免从不安全的兔场引种。从外地引种时，应隔离观察 30 天以上，确认无病后再混群饲养。

（2）加强饲养管理，消除外界刺激因素　保持通风，减少灰尘，避免异常气体刺激，保持兔舍适宜的温度和湿度，避免兔舍潮湿和寒冷。

（3）保持兔舍清洁，定期进行消毒　搞好兔舍、笼具、垫料等的消毒，及时清除舍内粪便、污物。平时消毒可使用3％来苏儿、1％～2％氢氧化钠溶液、1％～2％福尔马林溶液等。

(4) 进行免疫接种 疫苗可使用中国农业科学院哈尔滨兽医研究所生产的兔波氏杆菌—巴氏杆菌二联灭活苗，每只兔皮下注射2毫升，免疫期为4～6个月，每年于春、秋两季各接种一次。

(5) 做好兔群的日常观察 及时发现并隔离或淘汰有鼻炎症状的病兔，以防引起全群感染。

[治疗]

(1) 隔离消毒 隔离所有病兔，并进行观察和治疗；兔波氏杆菌的抵抗力不强，常用消毒药物均对其有效，可应用1%煤酚皂溶液或百毒杀溶液彻底消毒全场。

(2) 紧急接种 应用兔波氏杆菌—巴氏杆菌二联灭活苗每只兔皮下注射2毫升。

(3) 药物治疗 对重症无治疗效果及长期不愈的病兔应及时淘汰，减少传染源。对轻型病例应隔离治疗，使用抗生素治疗虽能使症状消失，但停药后又可复发，要进行脉冲式用药，即先用药治疗一个疗程后，停药2天，再治疗一个疗程，才能控制复发。一般可选用四环素、卡那霉素、庆大霉素、链霉素及磺胺类药物治疗。鼻炎型病兔可结合使用链霉素滴鼻有效，采用注射、滴鼻、饮水或拌料用药以及两种以上的药物同时使用效果更佳，但要注意药物的配伍禁忌。青霉素、链霉素，每千克体重各2万单位肌内注射，每天2次，连用3～4天；卡那霉素，每千克体重2万～4万单位肌内注射，每天2次，连用3～4天；庆大霉素，每千克体重2万～4万单位肌内注射，每天2次，连用3～4天；磺胺嘧啶，每千克体重0.05～0.2克肌内注射，每天2次，连用3～4天；酞酰磺胺噻唑，口服，每千克体重0.2～0.3克，每天2次，连用5天。

59. 兔魏氏梭菌病的流行特点、临床症状和剖检病变是什么？

本病主要是由A型魏氏梭菌及其外毒素引起的以泄大量水样粪便和脱水死亡为特征的一种急性传染病。感染后死亡率很高。

[**流行特点**] 除哺乳仔兔外的各种品种、年龄的家兔均可感染发病，但以1～3月龄的幼兔发病率最高，毛用兔尤其是纯种毛用兔和

獭兔的易感性高于本地毛用兔、杂交毛兔和皮肉用兔。本菌广泛分布于土壤、污水、粪便和消化道中，在饲养管理不当、突然更换饲料、长期饲喂高淀粉低纤维饲料、气候骤变、长途运输等各种因素导致抵抗力下降、肠道正常菌群失调和厌氧状态时，均可导致病原菌在肠道内大量繁殖并产生外毒素而引发本病。消化道是主要的感染途径。本病一年四季均可发生，但以冬春两季常见。

［**症状**］突然发病、急性下痢（水样粪便）是本病特征性的临诊症状。开始排黑褐色软粪，很快变为排黑色水样或带血的胶样粪便，有特殊的腥臭味。病兔体温不高，精神沉郁，食欲下降或不食。肛门周围及后肢局部为粪便所污染，外观兔子腹部臌胀，轻轻摇晃可以听到"咣当咣当"的水声，有的病兔提起来，粪水随即从肛门流出，后期患兔可视黏膜发绀，四肢无力，严重脱水，消瘦，体温均不高。发病最快的常无任何症状，在几个小时内突然死亡。多数病例在当日或次日死亡，少数可拖至一周或更长时间，但最后大多死亡。

［**病变**］尸体脱水、消瘦，腹腔有腥臭气味，胃内积有食物和气体，胃黏膜脱落，有的有出血和大小不一的溃疡。肠壁弥漫性充血或出血，肠内充满气体和稀薄的内容物，肠壁薄而透明。肠系膜淋巴结充血、水肿，盲肠浆膜明显出血，盲肠和结肠内充满气体和黑绿色水样粪便，有腥臭气味。心外膜血管怒张，呈树枝状。肝和肾淤血、变性、质脆。膀胱多有茶色尿液，见图 2-14 至图 2-17。

图 2-14　魏氏梭菌病
肠道出血、胀气。

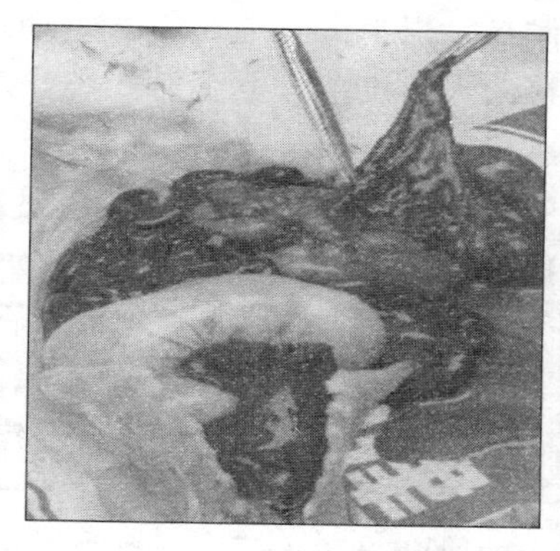

图 2-15　魏氏梭菌病
肠道出血。

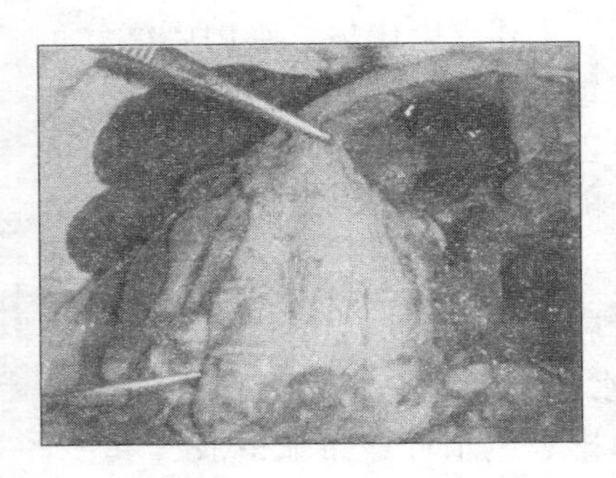

图 2-16 魏氏梭菌病
胃黏膜脱落、胃出血、溃疡。

图 2-17 魏氏梭菌病
粪便稀薄、带有气泡。

60. 如何防治兔魏氏梭菌病?

[预防] 合理搭配饲料，加强饲养管理。保证饲料里的粗纤维含量不低于 12%，尽量少喂含过高蛋白质的饲料、过多谷物类及多汁菜类饲料，可防止本菌在肠道内的大量繁殖。避免使用质量较差的鱼粉等动物性饲料，如果草粉、玉米发霉变质，弃去不用。减少对兔子的应激，消除诱发因素。夏季做好防暑降温工作。换料时要采取过渡性换料的方法。搞好环境卫生，尤其要做好粪便的清理工作，对兔舍、用具、兔场要进行定期的消毒。平时定期投喂活菌制剂，以平衡肠道菌群。定期进行疫苗接种，仔兔 26 日龄用魏氏梭菌灭活疫苗皮下注射 2 毫升，以后 4 个月免疫一次，可有效控制本病的流行。

[治疗] 发生疫情时，应迅速做好隔离和消毒工作，对无治疗价值或较为严重的患兔予以淘汰，进行无害化处理。兔舍、兔笼及用具等要彻底消毒。对未发病或患病较轻微的兔用魏氏梭菌灭活疫苗进行紧急接种，皮下注射 2 毫升/只。

有治疗价值的兔可进行治疗，用魏氏梭菌高免血清，按每千克体重注射 3～4 毫升，每天 2 次，连用 2～3 天。同时配合抗生素治疗，口服磺胺类药物，复方新诺明片，每千克体重 30～50 毫克，每天 1 次，连用 3 天。或磺胺脒内服，首次量每千克体重 0.2 克，维持量减

半，每天2次，连用3天。土霉素内服，每只兔每次0.01～0.05克，每天2次，连用3天。也可按每千克饲料添加金霉素0.01克。红霉素按每千克体重注射20～30毫克，每天2次，连用3天。在使用抗生素治疗的同时，可喂多种维生素、电解质，进行补液，或口服人工补液盐。对利用价值高的兔（如种兔），可以静脉注射5%葡萄糖盐水或林格氏液30～50毫升。对治疗康复兔可喂健康兔的软粪少许，以调整肠道菌群平衡。

61. 兔大肠杆菌病有何临床症状和剖检病变？

兔大肠杆菌病又称黏液性肠炎，是由一定血清型的致病性大肠杆菌及其毒素引起的一种暴发性、高死亡率的兔肠道传染病。患兔主要是以出现胶冻样或水样腹泻及严重脱水为特征。大肠杆菌广泛存在于自然界，正常情况下存在于兔的肠道内不引起发病，当各种原因（饲养和气候条件变化等）引起机体抵抗力下降时，致病性大肠杆菌大量繁殖并产生毒素、毒力增强而引起发病。本病主要侵害20日龄及断奶前后的仔兔、幼兔（1～3月龄），成年兔极少发生。主要经过消化道传染。

［**临床症状**］主要表现为排粥样或胶冻样粪便和一些两头尖的干粪，随后出现水样腹泻。体温正常或降低，四肢冰凉，磨牙，消瘦，衰竭而死。病程短的1～2天死亡，长的7～8天死亡。

图2-18 大肠杆菌病
肠道胶冻样渗出物。

［**病变**］肛门及后肢被毛黏附粪便。整个胃肠道有卡他性炎症，气体较多，胃壁明显水肿，结肠与回肠壁呈灰白色，黏膜有重度黏液性卡他，肠腔内有大量黏稠的胶样物。粪粒细长或粪便较少，并被胶样物包裹，有的肠壁有出血，见图2-18、图2-19。

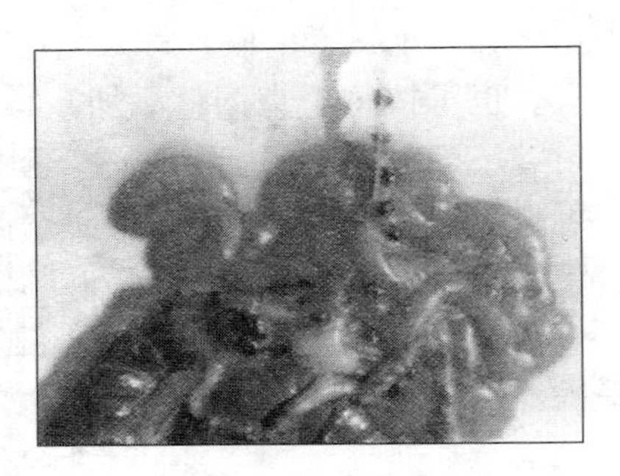

图 2-19 大肠杆菌病
小肠扩张，充满黄色液体。
（范国雄摄）

62. 如何防治兔大肠杆菌病？

［**预防**］加强饲养管理，搞好环境卫生，定期消毒，尽量减少各种应激因素，在仔兔断奶前后的精料配方不要突然改变，以免引起肠道菌群的紊乱。对经常发生本病的兔场，可使用由本场分离的大肠杆菌制成自家疫苗进行免疫，20～30 日龄的仔兔皮下注射 1 毫升；或仔兔 26 日龄用魏氏梭菌—大肠杆菌二联灭活疫苗皮下注射 2 毫升，以后每 4 个月免疫一次；或对断奶前后的仔兔，可用庆大霉素或阿莫西林口服，有一定的预防效果。

［**治疗**］经常发生本病的兔场，最好是先从病兔分离到大肠杆菌做药敏试验，选用敏感的药物治疗。庆大霉素肌内注射或口服，每千克体重 2 万～3 万单位，每天 2 次，连用 3 天。口服磺胺类药物，如新诺明片，首次量每千克体重 0.1 克，维持量减半，每天 2 次，连用 3 天。复方新诺明（片剂，每片含增效剂 TMP0.08 克、新诺明 0.4 克）内服，每千克体重 0.03 克，每天 1 次。磺胺脒内服，首次量每千克体重 0.2 克，维持量减半，每天 2 次。长效磺胺（片剂，每片 0.5 克）内服，首次量每千克体重 0.1 克，维持量每千克体重 0.07 克，每天 1 次。大群用药，可用恩诺沙星或环丙沙星或诺氟沙星饮水，每千克水加药物30～50 毫克；如拌料，可按饮水剂量加倍。治

疗后期可喂活菌制剂或健康兔的软粪少许，以平衡肠道菌群，促进康复。

63. 兔大肠杆菌自家苗有效吗？

由于大肠杆菌血清型多，易变异，各血清型之间交叉免疫保护性差，市售大肠杆菌疫苗免疫效果不好。因此，对经常发生大肠杆菌病的兔场，可使用由本场分离的大肠杆菌制成自家疫苗进行免疫，20～30 日龄的仔兔皮下注射 1 毫升，免疫效果较好。

64. 兔葡萄球菌病的临床症状和剖检病变有哪些？怎样防治？

兔葡萄球菌病是养兔场常见的传染病之一，家兔非常易感，可危害各种年龄的家兔，死亡率极高。幼龄兔和一些敏感兔常呈败血型经过，但多数病例只引起一些器官组织发生化脓性炎症。世界各地均有发生。葡萄球菌感染的潜伏期为 2～5 天。由于兔的年龄、抵抗力、病原侵入的部位和在体内继续扩散的情况不同，常表现以下几种病型：

（1）仔兔脓毒败血症　仔兔出生后 2～3 天在多处皮肤（尤其是腹、胸、颈、颌下、腿内侧皮肤）上出现粟粒大的脓肿，多数病兔在 2～5 天因败血症而死亡。较大（10～21 日龄）乳兔的皮肤出现黄豆至蚕豆大脓肿，多消瘦而死；不死者逐渐变干，消散而痊愈。剖检时肺和心脏多有小脓疱。

（2）仔兔急性肠炎　又称仔兔黄尿病，是因仔兔吃患葡萄球菌乳房炎母兔的乳汁而引起的。一般全窝发生，病兔肛门周围及后肢被稀粪污染而有腥臭味；病兔昏睡，体弱发软，病后 2～3 天死亡，死亡率很高。剖检可见肠尤其是小肠黏膜充血、出血，肠内有稀薄的内容物；膀胱极度扩张，充满黄色尿液。

（3）乳房炎　常见于母兔分娩后的头几天，往往经乳头或乳房皮肤损伤而感染。急性乳房炎时病兔体温升高，精神沉郁，食欲不振，乳房肿胀呈紫红色或蓝紫色；乳汁中有脓液、凝乳块或血液。慢性乳房炎时乳头或乳房皮下或实质形成大小不一、界限明显的硬块，以后软化变为脓肿，见图 2-20。

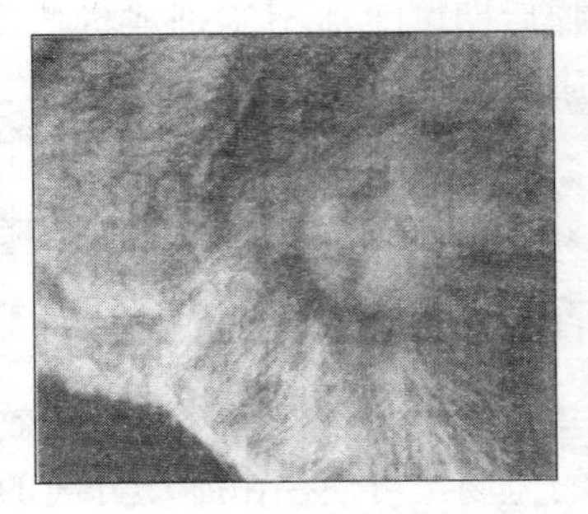

图 2-20　母兔乳房炎
乳房红肿。

(4) 脓肿　可发生于全身各组织和器官，原发性脓肿常位于皮下或某一脏器，以后可引起脓毒血症，并进而在肺、肝、肾、心等部位发生转移脓肿或化脓性炎，这些脓肿大小不等，数量不一，初期有少量的红色硬结，以后增大变软，有明显包囊，内含乳白色糊状脓汁。皮下脓肿经 1～2 个月可自行破溃，流出乳白色、油状、黏稠、无味的脓汁，破口经久不愈合，流出的脓汁可沾到别处，或因伤口瘙痒引起病兔抓咬而使病原扩散，或脓肿中的病菌进入血流随血流到别处形成新脓肿。当脏器或浆膜脓肿破裂时则引起胸腔或腹腔积脓；有时引起全身性感染即脓毒败血症，病兔很快死亡，见图 2-21、图 2-22。

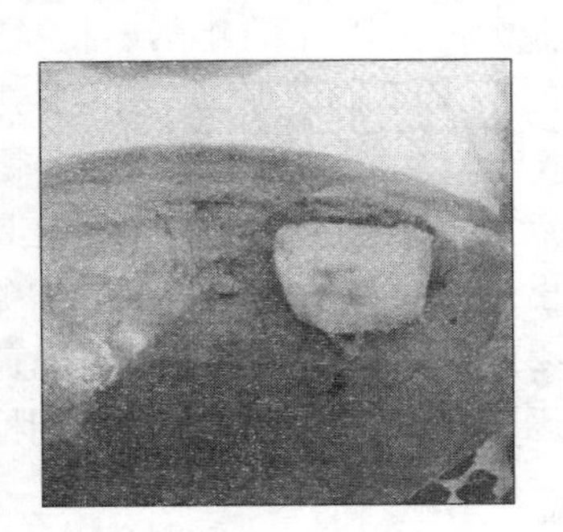

图 2-21　葡萄球菌病
腹部皮下脓肿。

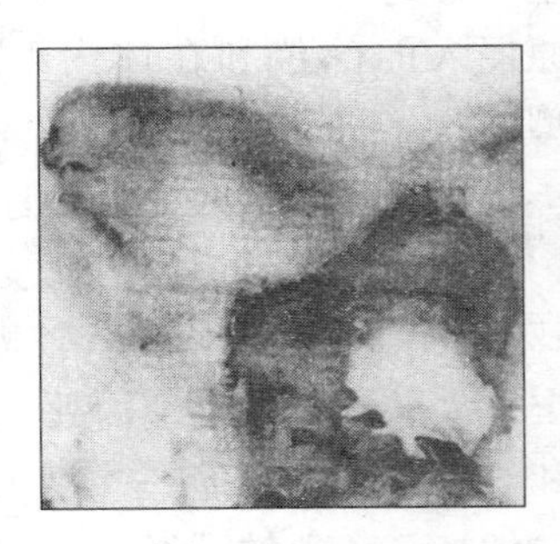

图 2-22　葡萄球菌病
颈部皮下脓肿。
（李成喜摄）

(5) 皮炎　常见于后脚掌下皮肤，前脚掌少见。初期充血，肿胀，脱毛，继而化脓，破溃并形成经久不愈的易出血的溃疡。病兔不愿走动，食欲减退，消瘦，有时转化为全身败血症而死亡。

(6) 鼻炎　病兔常打喷嚏，鼻流出大量浆液性或黏脓性分泌物，并在鼻孔周围结成痂；严重时发生呼吸困难，病兔常用前爪抓鼻，使

鼻部周围被毛脱落，常并发或继发肺脓肿，肺炎和胸膜炎。

（7）外生殖器炎　多见于母兔、各年龄段都可发生。主要表现为阴户周围和阴道溃烂，或阴户周围和阴道发生大小不一的脓肿，可从阴道内流出或挤出黄白色脓性分泌物或脓液，孕兔感染后常发生流产，公兔主要是发生在包皮上的小脓肿，溃烂或结棕色痂皮。

［**预防**］经常保持兔舍、兔笼和运动场的清洁卫生，定期消毒。清除所有的锋利物品，以防兔体发生外伤。笼养兔不能拥挤，性暴好斗者应分笼饲养。产仔箱内要用柔软、干燥、清洁的垫料，以免兔的皮肤擦伤。观察母兔的泌乳情况，适当调整精料与多汁饲料的比例，防止母兔发生乳房炎。新生仔兔用3%碘酒或5%龙胆紫乙醇溶液或3%结晶紫石炭酸溶液等涂搽脐带开口部，防止脐带感染。发现皮肤和黏膜有外伤时应及时进行外科处理。患病兔场中母兔分娩前3～5天，应在饲料中添加一些葡萄球菌敏感的抗菌药以预防本病发生。本病发生较严重的兔场可用金黄色葡萄球菌培养物制成灭活菌苗，通过免疫接种可以预防本病的发生。

［**治疗**］可选用敏感的药物进行全身和局部治疗，且治疗越早效果越好，有条件时分离菌株做药敏试验以确定最敏感的抗菌药物。

（1）全身治疗　注射和拌料相结合进行全身治疗。肌内注射氨苄青霉素或普鲁卡因青霉素，每千克体重5～10毫克，每天2次，连用4天，或静脉注射（青霉素钾粉针剂，每支0.1克，用适量注射用水溶解稀释），每千克体重2～4毫克。也可用磺胺二甲嘧啶口服，每千克体重首次量0.1～0.3克，维持量减半，每天2次，连用3～5天。

（2）局部治疗　对于局部脓肿、溃疡、脚皮炎和外生殖器炎，按常规外科方法处理，先以外科手术排脓和清除坏死组织，再用0.1%雷佛奴儿溶液或0.1%新洁尔灭溶液或0.1%高锰酸钾溶液清洗患部，然后撒布青霉素和链霉素（1∶1）的混合粉，或涂青霉素软膏、红霉素软膏等药物。乳房炎较轻者，先用0.1%高锰酸钾溶液清洗乳头，局部涂以鱼石脂软膏或青霉素软膏；严重者用0.1%普鲁卡因注射液10～20毫升加青霉素20万～40万单位，在乳房硬结周围分点封闭注射，每天1次，连续3～5天。对鼻炎患兔，先用0.1%高锰酸钾溶液清洗鼻部干痂后，用青霉素滴鼻处理。

65. 兔沙门氏菌病的症状、病变及防治措施有哪些?

兔沙门氏菌病是由鼠伤寒沙门氏菌和肠伤寒沙门氏菌引起的，以败血症和急性死亡并伴有下痢和流产为特征。断奶幼兔和怀孕 25 天后的母兔最易发病，多数病例有腹泻症状。主要经消化道感染和内源性感染，当健康兔食入被病菌污染的饲料、饮水及其他因素使兔体抵抗力降低，体内病原菌的繁殖和毒力增强时，可引起发病。幼兔可经子宫和脐带感染。

[**症状**] 该病潜伏期为 3～5 天。少数病兔无明显症状而突然死亡，多数病兔腹泻并排出有泡沫的黏液性粪便，体温升高，废食，渴欲增加，消瘦。母兔从阴道排出黏液或脓性分泌物，阴道潮红、水肿，流产胎儿皮下水肿，很快死亡。孕兔常于流产后死亡，康复兔不能再怀孕产仔。流产胎儿体弱、皮下水肿，很快死亡。

[**病变**] 急性病例常无特征性病变。其他病例，肠黏膜充血、出血、水肿。肝有散在或弥漫性灰白色粟粒大小的坏死小灶。胆囊肿大，脾脏肿大、充血。流产病兔的子宫粗大，宫内有脓性渗出物，子宫壁增厚、黏膜充血、有溃疡。未流产的兔子宫内有木乃伊或液化的胎儿。阴道黏膜充血，表面有脓性分泌物。

根据临床症状和病理特征可作出初步诊断。

[**防治措施**]

(1) 预防 搞好环境卫生，加强兔群的饲养管理，严防怀孕母兔与传染源接触。定期应用鼠伤寒沙门氏菌诊断抗原普查兔群，对阳性兔进行隔离治疗，兔舍、兔笼和用具等彻底消毒，消灭老鼠和苍蝇，兔群发病要迅速确诊，隔离治疗，兔场进行全面消毒。对怀孕前和怀孕初期的母兔可用鼠伤寒沙门氏菌灭活疫苗，每只兔颈部皮下注射 1 毫升，疫区养兔场兔群可全部注射灭活疫苗，每年每兔注射 2 次。

(2) 治疗 链霉素肌内注射，每千克体重 2 万单位，每天 2 次，连用 3 天。也可选用下列药物之一进行治疗：

琥珀酰磺胺噻唑，口服，每天每千克体重 0.1～0.3 克，分 2 次口服。

磺胺二甲嘧啶，口服，每千克体重首次剂量0.2～0.3克，维持量减半，每天2次，连用3～5天。大群用药可用诺氟沙星每千克水含40毫克饮水。

四环素（粉针剂）肌内注射，每千克体重20～40毫克，每天1次；口服（片剂）每千克体重100～200毫克，每天2次。

庆大霉素肌内注射，每千克体重2万单位，每天1～2次。环丙沙星或恩诺沙星饮水，每千克水50毫克；或拌料按每千克饲料100毫克混饲。

土霉素每千克体重5～10毫克，静脉注射，每天2次，连用3天；口服，每只兔100～200毫克，分2次内服，连用3天。

取洗净的大蒜充分捣烂，1份蒜加5份清水，制成20%的大蒜汁，每只兔每次内服5毫升，每天3次，连用5天，效果较好。

66. 兔泰泽氏病的临床症状和剖检病变有哪些？怎样防治？

本病是由毛样芽孢杆菌引起的，以肝脏多发性灶样坏死、严重下痢、脱水和迅速死亡为特征。病菌在细胞内寄生。

本病可以危害兔和其他多种动物，各种年龄的动物都可发病，多发于幼龄和断奶动物，隐性感染较为常见。兔对本病有较高的易感性，多发生于4～12周龄的兔群中，发病率和死亡率都较高。主要通过消化道感染，还可通过胎盘感染。

［症状］成年兔多为慢性散发或隐性感染，主要表现为下痢，且时好时坏。断奶前后的幼兔一般呈急性经过，主要症状表现为急性腹泻，粪便呈褐色、糊状或水样。病兔脱水、消瘦、黄疸，一般发病后12～48小时内死亡，少数可耐过。

［病变］尸体广泛脱水，消瘦。肠黏膜脱落、坏死。盲肠和结肠内有水样带血的内容物。肝脏有点状白色坏死小灶。心肌有针尖状或条纹状灰白色坏死小灶。

［预防］加强饲养管理，搞好环境卫生，定期消毒，消除各种应激因素。平时在饲料中添加土霉素，对控制本病的发生有一定作用。注意及时隔离或淘汰病兔，粪便及被污染的废物予以发酵或烧毁。

［治疗］本病无特效治疗药物，早期使用抗生素有一定的效果。用0.006%～0.01%土霉素饮水，疗效良好。青霉素每千克体重2万～4万单位，链霉素每千克体重20毫克，肌内注射，每天2次，连用3～5天。红霉素，每千克体重10毫克，分2次内服，连用3～5天。此外，用金霉素、四环素等治疗也有一定效果，治疗用量为每天每千克体重2克。

67. 兔密螺旋体病的临床症状和剖检病变有哪些？怎样防治？

本病只发生于家兔和野兔，病原体主要存在于病变部位组织。被污染的垫草、用具、饲料是传播媒介。主要在配种时经生殖道感染，故多见于成年兔，幼兔极少发生。育龄母兔的发病率比公兔高，放养兔的发病率比笼养兔高。兔群流行本病时发病率高，但几乎无一死亡。

［症状和病理变化］潜伏期2～10周。发病后呈慢性经过，可持续数月。无明显全身症状，仅见局部病变。病初期公兔的龟头、包皮和阴囊皮肤，母兔的阴唇和肛门皮肤、黏膜红肿，并形成粟粒大的结节，以后结节及肿胀部位湿润，有黏液脓性分泌物并结成棕色的痂，痂皮剥下时可见稍凹陷的溃疡面，溃疡边缘不齐，易出血。病兔因搔抓可将部分分泌物中的病原体带至其他部位，如鼻、眼睑、唇和爪等。慢性者病变部位呈干燥鳞片状，稍突起，睾丸也会有坏死灶，腹股沟淋巴结肿大。此病对兔性欲影响不大，但母兔则失去配种能力，受胎率下降，所生仔兔生活力差。诊断本病可由外生殖器的典型病变作出初步诊断，但确诊应以病原体的检出为根据。

［防治］严防引进病兔，严禁用病兔或疑似病兔配种。发现病兔后应及时治疗或淘汰，彻底清除污物，用1%～2%烧碱水或2%～3%来苏儿消毒兔笼和用具等。病兔早期可用新胂凡纳明（九一四）以灭菌蒸馏水配成5%溶液，静脉注射，每千克体重40～60毫克，必要时2周后重复1次。同时用青霉素每日50万单位，分2次肌内注射，连用5天。病变局部用0.1%高锰酸钾溶液或2%硼酸溶液冲洗干净后，涂搽碘甘油或青霉素软膏。

68. 兔绿脓杆菌病的临床症状和剖检病变有哪些？怎样防治？

兔绿脓杆菌病是由绿脓杆菌引起的一种散发性传染病，临床上以出血性肠炎、肺炎、皮下脓肿为主要特征。各年龄阶段的兔、各个季节均易发该病。

[临床症状] 突然发病，病兔多表现为精神高度沉郁、嗜睡、流泪、鼻腔流出不同性状的分泌物，呼吸急促、体温升高、下痢、排血样粪便。最急性病例在数小时或十余小时内死亡，慢性病例的病程为1周左右，一般是1～3天死亡。有的生前无任何症状，死后剖检才发现病变。

[病变] 鼻腔出血，肺有出血点，有的肿大，气管内有红色泡沫，气管黏膜出血。有些病例在肺部及其他器官形成淡绿色或褐色黏稠的脓液。心外膜有点状出血，心包液、腹水增多、混浊。胃内有血样液体。肠道黏膜出血，肠腔内充满血样液体。腹腔内也有多量液体。肝、脾肿大，脾呈樱桃红色。

[预防] 定期消毒，防止污染；平时做好饮水和饲料卫生，防止水源及饲料的污染。本病发生时，对病兔及可疑病兔要及时隔离治疗。

[治疗] 多黏菌素，每千克体重2万单位，加磺胺嘧啶每千克体重0.2克，混于饲料内喂，连喂3～5天。

新霉素每千克体重2万～3万单位，肌内注射，每天2次，连用3～4天，效果较好。

69. 兔链球菌病有何临床症状和剖检病变？怎样防治？

兔链球菌病是主要由C型溶血性链球菌引起的以仔兔急性败血症或下痢为特征的传染病。发病兔主要表现为发热，皮下组织出血性浆液浸润，脾脏急性肿大，出血性肠炎，肝脏和肾脏脂肪变性。

[临床症状] 病兔初期出现精神沉郁、食欲下降、体温升高，随着时间的延长，后期病兔俯卧地面、四肢麻痹、伸向外侧、头贴地，

强行运动呈爬行姿势，重者侧卧，流白色浆液性或黄色脓性鼻液，鼻孔周围被毛潮湿，沾有鼻液，重者呼吸困难，时有明显呼吸音。

[**病变**] 剖检可见喉头、气管黏膜出血，肝脏肿大、淤血、出血、坏死，切面模糊不清，有血水渗出。有的病兔肝脏出现大量淡黄色索状坏死灶，坏死灶连成片状或条状，表面粗糙不平，病程较长者坏死灶深达肝脏实质。肝脏、肾脏出血，心肌色淡，质地软，肺脏轻度气肿，有局灶性或弥漫性出血点，有的肠黏膜出血。

[**预防**] 平时加强饲养管理，防止受凉感冒，减少各种应激因素，消除发病诱因。发现病兔立即隔离治疗，用3%的来苏儿或1：100稀释的菌毒敌消毒兔舍、兔笼、场地，用0.2%的农福消毒用具。未发病的兔可用磺胺药预防。

[**治疗**] 病兔用青霉素治疗，每只兔5万～10万单位，肌内注射，每天2次，连续3天。红霉素治疗，每只兔50～100毫克，肌内注射，每天2次，连续3天。此外，还可用磺胺嘧啶钠，每千克体重0.1～0.3克，内服或肌内注射，每天2次，连续3天。

70. 兔坏死杆菌病的临床症状和剖检病变有哪些？怎样防治？

兔坏死杆菌病是由坏死杆菌引起的一种散发性传染病，以皮肤和皮下组织，尤其是面部、头部、颈部、舌头和口腔黏膜的坏死、溃疡和脓肿为主要特征。患病动物是主要传染源，但健康带菌动物在一定程度上也起着传播作用。本菌能侵害多种动物，幼兔比成年兔易感性高。动物在污秽条件下易受感染。病原一般通过皮肤、黏膜的伤口侵入，在内脏引起坏死病变。本病常呈散发或地方流行性，潮湿、闷热、昆虫叮咬、营养不良等可促发本病。

[**临床症状**] 病兔停止采食、流涎，体重迅速减轻。在唇部、口腔黏膜、齿龈、颈部、头面部及胸部等处出现坚硬肿块，随后出现坏死、溃疡，形成脓肿。病原也可在病兔腿部和四肢关节的皮肤内繁殖，发生坏死性炎症，或侵入肌肉和皮下组织形成蜂窝织炎。坏死病变具有持久性，可连续存在数周或数月，病灶破溃后散发恶臭气味，病兔体温升高，最后衰竭死亡。

［病变］剖检可见病兔的口腔、齿龈、颈部和胸前皮下组织及肌肉组织等坏死。淋巴结（尤其是下颌淋巴结）肿大，并有干酪样坏死灶。多数病兔在肝、脾、肺等外有坏死灶。并伴有心包炎、胸膜炎。腿部有深层溃疡病变。皮下肿胀，内含黏稠脓性或干酪性物质。坏死组织有特殊臭味。

［预防］

（1）兔舍要清洁，干燥，光线充足，空气流通。除去兔笼、兔舍内尖锐物，以避免兔体皮肤、黏膜损伤。

（2）从外地引进种兔时，必须进行隔离检疫 1 个月，确定无病时方可入群。

（3）兔群一旦发病，要及时进行隔离治疗，淘汰病、死兔。彻底清扫兔舍并进行消毒。

［治疗］

（1）青霉素，每千克体重 2 万单位，肌内注射，每天 2 次，连用 3 天。

（2）土霉素，每千克体重 20～40 毫克，肌内注射，每天 2 次，连用 3 天。

（3）磺胺二甲嘧啶，每千克体重 50～100 毫克，肌内注射，每天 2 次，连用 3 天。

（4）进行局部治疗时，首先清除坏死组织，再用 3%双氧水或 0.1%高锰酸钾溶液冲洗，每天 2 次。皮肤炎症肿胀期，用 5%来苏儿冲洗，再涂上鱼石脂软膏。出现溃疡后，清理创面，涂搽青霉素软膏。同时配合全身治疗。

71. 兔李氏杆菌病的临床症状和剖检病变有哪些？怎样防治？

本病是由李氏杆菌引起的家畜、家禽、鼠类及人共患的一种传染病。以突然发病死亡或流产、出血坏死性子宫炎和结膜炎等为特征。病畜禽为传染源，经消化道、呼吸道及损伤的皮肤、黏膜而传染，啮齿类动物为贮存宿主，大都经吸血昆虫传播。发病率不高，死亡率很高。本病呈散发性，有时呈地方性流行。幼畜和妊娠母畜易感。

[临床症状] 潜伏期2～8天，症状表现可分三种类型。急性型：常见于幼兔。病兔体温升高40℃以上，精神沉郁，不吃，鼻腔流出浆液性或黏液性分泌物，经1～2天内死亡；亚急性型：出现神经症状，如痉挛，全身震颤，眼球凸出，作圈状运动，头颈偏向一侧，运动失调等，怀孕母兔流产或胎儿干化，经4～7天死亡；慢性型：主要表现为母兔发生子宫炎、流产，并从阴道内流出红褐色分泌物。康复后长期不孕。

[病理变化] 急性和亚急性病死兔剖检可见肝、心肌、肾、脾有散在针头大坏死点，肠系膜淋巴结和颈部淋巴结肿大、水肿。胸腔、腹腔和心包内有清澈的液体。皮下水肿，肺有出血性梗死和水肿。慢性病例同急性病例相似，脾和淋巴结肿大，子宫内积有脓性渗出物或暗红色液体，子宫壁有坏死灶和增厚。

[预防] 本病预防要做好灭鼠、灭虫，防止其他畜禽进入，一旦发病及早隔离治疗或淘汰，进行彻底消毒。防止人感染本病。

[治疗] 病初期可用药物治疗。青霉素，每千克体重2万～4万单位，每天2次肌内注射；磺胺-5-甲氧嘧啶，每千克体重0.3克，每天2次肌内注射；四环素每只兔200毫克，口服，每天1次；新霉素拌料，每只兔2万～4万单位，每天饲喂3次。

72. 野兔热的临床症状和剖检病变有哪些？怎样防治？

野兔热是由土拉伦斯杆菌引起的一种人、畜共患的急性、热性、败血性传染病。临床上以体温升高、淋巴结肿大、肝和脾肿大、充血及其他内脏器官多发性灶状坏死为主要特征。该病的易感动物非常广泛，各种野生动物、家畜和家禽都可感染，人也可感染发病。在自然界中啮齿动物是本病的主要携带者和传染源，野兔群是最大的保菌宿主。病菌通过污染的饲料、饮水、用具以及吸血昆虫而传播，并通过消化道、呼吸道、伤口及皮肤与黏膜而入侵。本病常呈地方性流行，多发生于春末夏初啮齿动物与吸血昆虫繁殖孳生的季节。

[症状] 急性病例多无明显症状而呈败血症死亡，体温升高达41℃。多数病例病程较长，机体消瘦、衰竭，颌下、颈下、腋下和腹

股沟淋巴结肿大、质硬，有鼻液，体温升高，白细胞增多。

[病变] 急性死亡者，尸僵不全，血凝不良，无特征病变。如病程较长，尸体极度消瘦，皮下脂肪呈污黄色，肌肉呈煮熟状。淋巴结显著肿大，色深红，切面见大头针头大小的淡黄或灰色坏死点；淋巴结周围组织充血、水肿；脾肿大、色深红，表面与切面有灰白或乳白色的粟粒至豌豆大的结节状坏死；肝肿大，有散发性针尖至粟粒大的坏死结节；肾的病变和肝的相似。

[预防]

(1) 严防野兔进入兔场，按防疫规定引进种兔。

(2) 消灭鼠类、吸血昆虫和体外寄生虫。

(3) 病兔及时治疗，对病死兔应采取烧毁等严格处理措施。

(4) 剖检病尸时要注意防止感染人。

[治疗] 病初，可选用以下抗生素治疗，均有疗效。在病的后期治疗效果不佳。

(1) 链霉素，每千克体重 20 毫克肌内注射，每天 2 次，连用3～5 天。

(2) 金霉素，每千克体重 20 毫克，用 5%葡萄糖生理盐水溶液溶解后静脉注射，每天 2 次，连用 3～5 天。

(3) 土霉素，每千克体重 20 毫克，用溶媒溶解后肌内注射，每天 2 次，连用 3～5 天。

(4) 卡那霉素，每千克体重 10～30 毫克肌内注射，每天 2 次，连用 3～5 天。

73. 兔结核病的临床症状和剖检病变有哪些？怎样防治？

本病是人、畜共患的一种慢性传染病。以肺、消化道、肝、肾、脾和淋巴结的肉芽肿及机体消瘦为特征。一般通过呼吸道感染，经飞沫传播。患有结核病的人、牛和鸡的粪便、分泌物等污染了饲料和饮水后，被家兔饮食后也可染病。还可通过交配和皮肤创伤感染。有抵抗力的家兔感染较轻。在易感兔体内病原菌可迅速繁殖。适宜的传播条件、饲养管理不善可促发本病。但在临床上家兔发病很少见。

[**临床症状**] 本病潜伏期长，常呈隐性经过，不表现明显的临床症状。发病兔食欲不振，消瘦，黏膜苍白，被毛粗乱，咳嗽气喘，呼吸困难，眼虹膜变色，晶状体透明，体温稍高。肠结核病例有腹泻症状，呈进行性消瘦。有些病例常见肘关节、膝关节和跗关节的骨骼畸形，外观肿大。

[**病理变化**] 病兔尸体消瘦，内脏器官有大小不一、灰色或淡褐色的结节。结节通常发生于肝、肺、肾、腹膜、心包、支气管淋巴结和肠系膜淋巴结等部位，脾脏少见。结节具有干酪样坏死中心和纤维组织包膜。肺结核病灶可发生融合形成空洞，肠浆膜面有稍突起的、大小不等的结节，黏膜面上呈现溃疡，溃疡周围为干酪样坏死。支气管和纵隔淋巴结肿大，内有干酪样坏死。

[**预防**]

（1）加强饲养管理，严格执行兽医卫生防疫制度，定期对兔舍、兔笼和用具等进行消毒。

（2）兔场要与鸡场、猪场、牛场等隔开，防止其他动物进入兔舍。结核病人不能当饲养员。

（3）新引进的兔必须隔离观察 1 个月以上，经检疫无病方可混群。

（4）发病兔要立即淘汰，被污染的场地要彻底消毒，严格控制病原传播给健康兔。

[**治疗**] 本病的治疗意义不大，关键要靠预防，发病时应即时淘汰。必要时，可肌内注射链霉素，每千克体重 4 万单位，每天 2 次，连用 7 天，还可用卡那霉素、乙硫异烟肼进行治疗。

74. 兔伪结核病有何临床症状和剖检病变？怎样防治？

本病是由伪结核耶尔森氏杆菌引起的一种消耗性疾病。许多哺乳动物、禽类和人，尤其是啮齿和复齿动物都能感染发病。本菌广泛存在于自然界，感染动物和带菌啮齿动物是自然贮存宿主和传染源。家兔主要通过接触带菌动物和鸟类，或食入带菌食物而发病，也可通过皮肤、呼吸道和交配传染。本病多见散发，有时也呈地方流行，冬、

春季节多发。营养不良、应激和寄生虫病等使兔抵抗力降低时，易诱发本病。

［临床症状］ 病兔不表现明显的临床症状。一般表现为食欲不振，精神沉郁，腹泻，进行性消瘦，被毛粗乱，最后极度衰弱而死，多数病兔有化脓性结膜炎，腹部触诊可感到有肿大的肠系膜淋巴结和肿大坚硬的蚓突。少数病例呈急性败血性经过，体温升高，呼吸困难，精神沉郁，食欲废绝，很快死亡。

［病变］ 常见病变在盲肠蚓突和回盲部的圆小囊。严重时蚓突肥厚，圆小囊肿大变硬，浆膜下有许多灰白色干酪样粟粒大的结节，单个存在或连成片状，此外肠系膜淋巴结肿大，有小的结节或灰白色的坏死灶。黏膜、浆膜、肝、脾、肺有无数灰白色干酪样小结节。这些病灶与结核病的病灶极相似，因此称伪结核。死于败血症的病例，肝、脾、肾严重淤血肿胀，肠壁血管极度扩张，肺和气管黏膜出血，肌肉呈暗红色。

［预防］

（1）加强饲养管理，定期消毒灭鼠，防止饲料、饮水及用具污染。

（2）引进种兔要隔离检疫，严禁带入病原。平时对兔群可用血清凝集试验进行检疫，淘汰阳性兔，培育健康兔群。

（3）屠宰时如发现患本病的兔，要销毁尸体，不得食用，以防止人感染此病。

（4）可用伪结核耶尔森氏杆菌多价灭活菌苗进行预防注射，每只兔颈部皮下注射1毫升，免疫期6个月，每年注射2次。

［治疗］ 由于本病活体难以确诊，又无特效药物治疗，同时，本病亦可引起人的急性阑尾炎、肠系膜淋巴结炎和败血症，所以对患病动物一般不治疗，而即时淘汰。如病初期有必要治疗时，可用链霉素、四环素、卡那霉素、磺胺类药物，有一定的疗效，但效果不太稳定。

75. 兔毛癣病的临床症状和剖检病变有哪些？怎样防治？

本病是由真菌感染皮肤表面及毛囊、毛干等附属结构所引起的一种人畜共患传染病。其特征是感染皮肤呈不规则的块状或圆形脱毛、断毛及皮肤炎症，有结痂性癣斑并覆盖有皮屑，剧烈发痒。本病主要的传播方式是健康兔与病兔的直接接触，也可通过用具及人员间接传播。潮湿、多雨、污秽的环境条件，兔舍及兔笼卫生不好，可促使本病发生。本病多呈散发，幼兔比成年兔易感。

［症状］兔开始多发生在头部，口周围及耳，而后感染四肢、腹部及其他部位。患部环形脱毛、皮肤潮红，附着有灰色或黄色痂皮。痂皮脱落后呈现小的溃疡，造成毛根和毛囊感染，引起毛囊脓肿。有时，皮肤可出现环形、被覆珍珠灰（闪光鳞屑）的秃毛斑。患兔奇痒，见图 2-23 至图 2-25。

图 2-23　毛癣病
口、鼻周围脱毛。

图 2-24　毛癣病
眼周围脱毛。

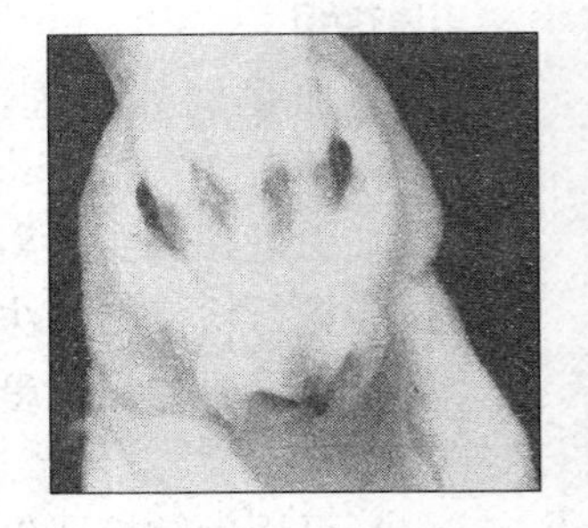

图 2-25　毛癣病
鼻骨部出现秃毛斑。
（李成喜摄）

［病变］病变部通常为环形，但并不完全一致。病变部皮肤表面脱毛，呈痂皮样外观，痂皮下组织有炎症反应。

［预防］目前尚无预防本病的疫苗，主要依靠加强管理来防止本病。防止啮齿类动物进入兔舍，经常灭鼠灭蚊。兔舍经常消毒，如用2%的碳酸钠或 3%的烧碱消毒，兔笼用火焰消毒。常检查兔体被毛及皮肤，发现病兔立即隔离、治疗或淘汰。定期对兔群用配制的咪康唑溶液进行药浴。发现病兔轻者治疗，重者淘汰。病兔停止哺乳及配

种，不与健康兔接触。病兔使用过的笼具应用火焰消毒，污物用10%～20%的石灰乳消毒后深埋，死亡兔全部烧毁。儿童应严禁接触病兔，工作人员应注意自身防护。

［治疗］ 患部剪毛，用肥皂液洗拭，以软化除去痂皮。然后涂搽10%的水杨酸软膏或制霉菌素软膏或5%的碘酊，两天1次，连续搽2～3次。同时用10%～15%的水杨酸乙醇溶液喷患兔体表，三天1次。全身治疗，口服灰黄霉素每千克体重25毫克，每天1次，连用10～14天，有良好的疗效。两性霉素B按每千克体重0.125～0.5毫克，用生理盐水配成0.09%的浓度，缓慢静脉注射，每2天1次，连注5次，疗效较好。克霉唑片，口服，每只兔0.7克，分2次服用。

76. 寄生虫病对家兔有哪些危害?

(1) 机械性损害 吸血昆虫对兔叮咬，或侵入兔体，在体内移行、寄生在特定部位，对兔体造成机械性刺激，使兔的组织或器官造成不同程度的损害，如瘙痒、发炎、出血、肿胀等，使兔生长缓慢，严重时可引起兔死亡。

(2) 夺取兔的营养和血液 寄生虫经兔口腔进入消化道，或由体表吸收的方式，争夺兔体内的营养物质，使兔营养不良、消瘦、贫血、抗病力减弱、生产性能降低，饲料报酬降低，经济效益差。

(3) 毒素的毒害作用 寄生虫在兔体内的分泌物、排泄物等对兔体局部或全身都有不同程度的毒害作用，特别是对神经系统、血液循环系统等的毒害作用最强。

(4) 带入其他病原体，传播疾病 寄生虫侵入兔体时还可以将某些病原体如细菌、病毒和原虫等带入兔体，使兔感染发病。

77. 寄生虫可以通过哪些途径感染兔?

(1) 经消化道感染 兔采食了被感染性幼虫或虫卵污染的饲料、饮水、草或泥土等，或吞食了带有感染性阶段虫体的中间宿主等而遭受感染，如球虫、旋毛虫等。

（2）经皮肤感染 某些寄生虫（如钩虫、血吸虫等）的感染性幼虫可以主动钻入家兔的皮肤而引起感染。吸血昆虫在叮咬兔吸血时，可把感染期的虫体注入兔体内引起感染，如锥虫、孢子虫等。

（3）接触感染 健康兔与病兔通过皮肤或黏膜接触而直接感染，或与被感染阶段虫体污染的圈舍、垫料、用具及运动场等接触而间接感染，如疥螨病、毛滴虫病等。

（4）经胎盘感染 某些寄生虫如弓形虫等，在妊娠母体内寄生或移行时，可经胎盘进入胎儿体内而使胎儿感染。

78. 家兔患了寄生虫病应该怎么处理？

仔细观察家兔，如发现异常，应及时将它与健康兔隔离，准确诊断，对有治疗价值的兔应选用适宜的药物治疗。对病死兔或无治疗价值的兔，应根据疾病不同，分别妥善处理：对肉源性人畜共患寄生虫病如弓形虫病等，应将尸体深埋或焚烧；对非肉源性人畜共患寄生虫病或只感染兔的寄生虫病，肉尸可经高温处理后食用；对于具有高度传染性的寄生虫病如疥螨病等，其皮张、垫料应深埋或焚烧，圈舍、笼具、用具、场地等应用杀螨药处理。在处理病兔或病死兔的同时，对同群未发病兔，要及时使用针对某种寄生虫病的药物进行预防，以免全群兔发病。

79. 抗寄生虫药物的使用方法有哪些？

（1）群体给药法 群体给药法简便、节省劳动力。包括：

①混料法 将药物均匀地拌入饲料，常用于驱除体内寄生虫。

②混饮法 将水溶性药物均匀地拌入饮水中，家兔自动饮入，如抗球虫药常混饮。

③喷洒法 杀灭兔体外寄生虫常用喷洒法，如兔虱、螨等体外寄生虫在兔活动的场所、笼舍等存活，常将药物配成一定的浓度喷洒在兔体表及其活动场所，达到杀灭寄生虫的目的。

④撒粉法　在寒冷的季节，一般不用液体药物喷洒，常将杀虫粉剂药物撒布于兔体表及兔活动的场所。

（2）个体给药法　患病初期或少数兔患病，常采用此法。

①药浴法　在温暖的季节或饲养量少的情况下，将药物配成适当浓度对兔进行药浴，常用于杀灭体外寄生虫。

②涂搽法　对兔的某些外寄生虫病如螨病等可用此法，将药物直接涂于患部，杀虫效果很好。

③内服法　对于饲养量小，或不能自食、自饮的个别兔，可将片剂、粉剂、胶囊或液体制剂的驱虫药经口投服。

④注射法　在养兔生产中，有的驱虫药物如左旋咪唑等可通过皮下或肌肉注射给药；有些药物如伊维菌素，对兔的各种蠕虫及体外寄生虫都有良好的杀虫效果，但只能通过皮下注射给药。

80. 使用抗寄生虫药应注意哪些问题?

（1）合理选择药物　应选择对兔安全范围较大的药物，有些药物如马杜霉素对家兔毒性较大，即使使用推荐剂量甚至低于推荐剂量都容易使兔中毒死亡，这种药物不宜选用防治兔寄生虫病。

（2）把握用药剂量和方法　抗寄生虫药物对机体都有一定的毒性作用，应根据药物的使用说明准确把握用药剂量，防止兔中毒，如有的农户使用伊维菌素给兔注射时盲目加大剂量10倍、甚至100倍，而且采取了肌内注射，导致兔很快中毒死亡。使用抗寄生虫药物拌料或混饮时一定要混匀，否则药物的局部浓度过高易导致兔中毒。

（3）适当控制药物的疗程和药物的种类，防止产生耐药虫株　小剂量或低浓度反复使用或长期使用某种抗寄生虫药物易使寄生虫产生耐药性或交叉耐药性。在养兔生产中使用抗寄生虫药物除了要掌握适宜的疗程和用药剂量外，还要定期或交叉使用不同类型的药物，防止产生耐药性。

（4）严格控制休药期，防止兔肉中的药物残留　特别是肉兔养殖过程中，肉兔出栏前应有一定的休药期，避免药物残留在兔肉中，危害人体健康。

81. 兔常见的寄生虫病有哪些?

(1) 球虫病 球虫寄生于兔的肠上皮细胞或肝胆管上皮细胞内。

(2) 螨病 包括疥螨和痒螨。疥螨寄生于兔的皮内，痒螨寄生于兔的耳道皮肤表面。

(3) 虱病 虱寄生于兔的体表。

(4) 蚤病 蚤寄生于兔的体表。

(5) 弓形虫病 弓形虫寄生于兔的血液、淋巴结、肺、肝、脾等组织器官内。有性繁殖阶段寄生于终末宿主猫的肠上皮细胞内。

(6) 住肉孢子虫病 住肉孢子虫寄生于兔的横纹肌，有性繁殖阶段寄生于终末宿主猫的小肠上皮细胞内。

(7) 肝片吸虫病 肝片吸虫寄生于兔的肝胆管内。

(8) 豆状囊尾蚴 寄生于兔肝脏等腹腔脏器浆膜及网膜，其成虫为豆状带绦虫，寄生于犬、狐、猫的小肠内，见图 2-26、图 2-27。

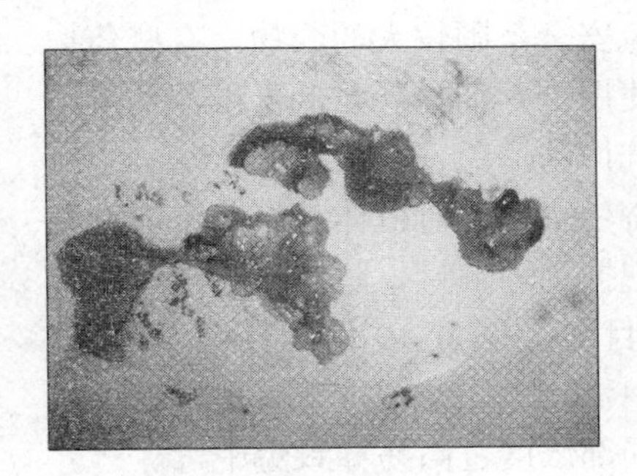

图 2-26 兔豆状囊尾蚴病
网膜上呈囊泡状的囊尾蚴。

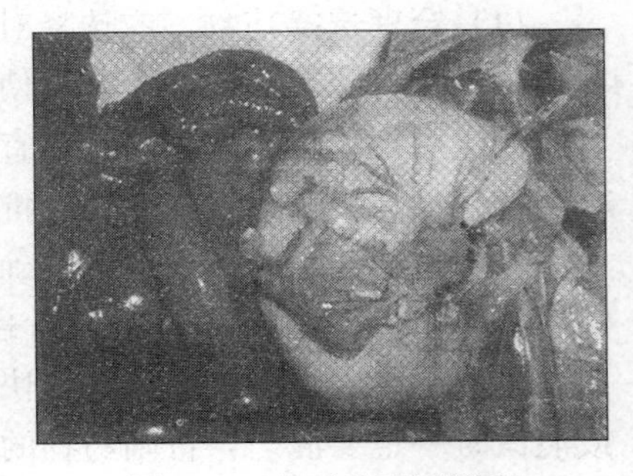

图 2-27 兔豆状囊尾蚴病
大网膜上的豆状囊尾蚴。

82. 兔球虫病的临床症状和剖检病变有哪些？怎样防治?

兔球虫病是由艾美耳属的多种球虫（已知的有 16 种）所引起的，斯氏爱美耳球虫寄生在胆管上皮细胞内，其余各种都寄生在肠上皮细胞，且多为混合感染，造成组织细胞的损伤。为家兔常见而危害极其

严重的一种寄生虫病，死亡率很高。球虫可危害多种动物，家兔是易感动物之一，危害极其严重，多呈地方性流行。断奶后到3月龄的幼兔最易感染发病，特别是卫生条件差的兔场，感染率可达100%，死亡率达40%～70%。成年兔抵抗力较强，多呈隐性感染，不表现临床症状，但生长发育受阻，成为主要的传染源。本病经消化道感染，易流行于温暖、潮湿、多雨的季节，每年4～9月份最为流行。

［**症状**］病程数日至数周。病初食欲减退，以后废绝，精神沉郁，喜卧，眼、鼻分泌物及唾液增多，体温略升高，贫血、消瘦，下痢乃至血痢，腹胀，尿频或常做排尿姿势。有的有神经症状，最后因极度衰竭而死亡。

［**病变**］身体消瘦，可视黏膜苍白或黄染。肠球虫病：肠腔充满气体和褐色糊状或水样内容物，肠黏膜炎性充血甚至出血，有的有许多小而硬的白色结节。肝球虫：可见肝肿大，肝表面及实质内有白色或淡黄色粟粒大至黄豆大的结节。混合型球虫病：患兔具有肠型和肝型球虫病的病变，见图2-28至图2-30。

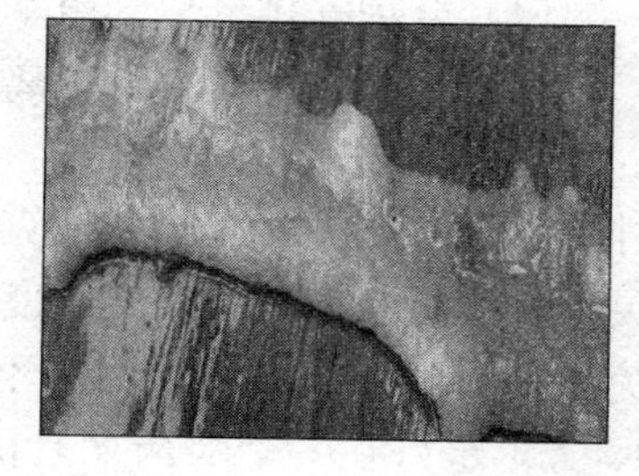

图2-28 肠球虫病
肠壁上白色结节。

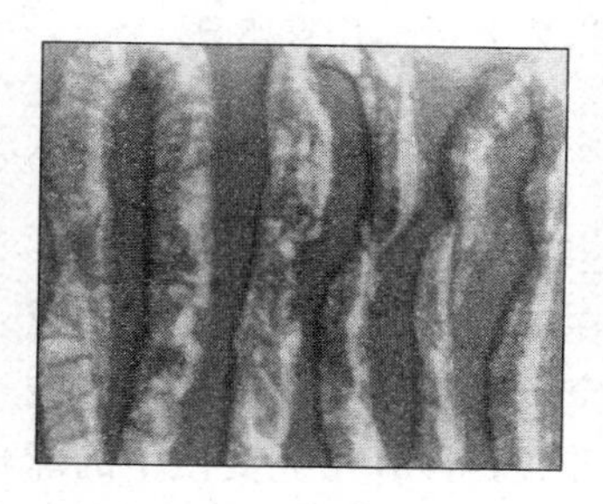

图2-29 肠球虫病
肠壁上有许多白色小结节。
（范国雄摄）

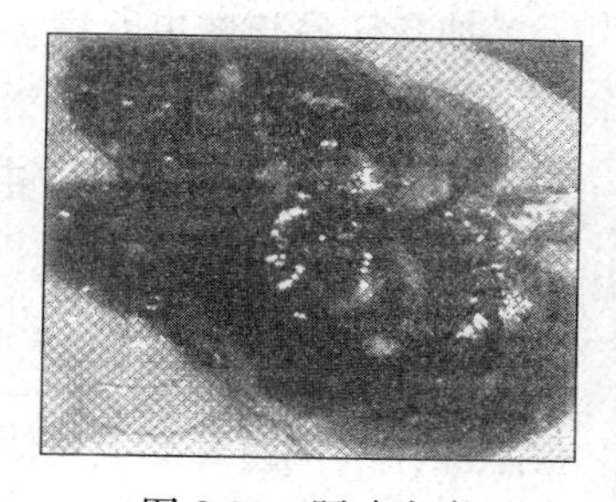

图2-30 肝球虫病
肝脏白色结节。

用显微镜检查患兔粪便，可见到球虫卵囊。因成年兔常为带虫者，而隐性球虫病初期时粪便内尚无球虫卵囊排出，镜检常不能发现球虫卵囊，因此，生前诊断时，不能单凭粪便中能否检出卵囊而诊断是否患球虫病，必须结合临诊症状和病理变化综合判断。

［预防］

（1）定期消毒兔笼、食具，最好用火焰消毒，阳光暴晒，兔舍应保持清洁干燥。

（2）兔粪应发酵处理，青饲料地严禁用未发酵处理的兔粪作肥料；妥善保存饲草料，防止兔粪污染；病兔尸体要深埋或焚烧；种兔须经常做粪便检查，调整球虫药的预防用药方案。

（3）哺乳期母兔乳房应经常擦洗；仔兔箱垫料要常更换，箱子要常消毒，阳光暴晒；断奶幼兔和母兔隔离饲养。

（4）合理安排母兔繁殖季节，使幼兔断奶期避开梅雨季节。

（5）发现病兔应立即隔离治疗或淘汰。

［药物防治措施］选择3～5种不同类别的抗球虫药，按预防剂量拌料给药，如：氯苯胍、地克珠利、磺胺氯吡嗪钠、氯羟吡啶、球痢灵、氢溴酸常山酮等，交替使用。使用一种球虫药不超过3个月，以免产生耐药性，更换药物时不得使用同一类药。每个月连续喂10～15天，最好在一个喂药期之前和结束后抽粪样检查球虫卵囊，以观察预防效果，便于指导下一次用药。

发生球虫病时，可选用抗球虫药按治疗剂量拌料给药，连用5天，抽粪样检查球虫卵囊，观察疗效，停药2天后再用药5天。

83. 如何选择对兔球虫敏感的药物？

选择五种抗球虫药，分别制成药饵。在兔场随机选择日龄相同或相近的幼兔5窝，喂药饵之前分别采集5窝兔的粪便，用饱和氯化钠盐水漂浮法检查每窝兔粪便中的卵囊，并计数，计算1克粪便中的球虫卵囊数。将五种药饵分别饲喂5窝兔，连续饲喂5天后，再分别采集5窝兔的粪便，计数每窝兔1克粪便中所含的球虫卵囊数。对饲喂球虫药饵前后的两次球虫卵囊数进行比较，卵囊数减少最多的那一种药物则是对球虫最敏感的药物，可以用这种最敏感的药物进行全场用药，效果最好。

84. 使用抗球虫药要注意哪些问题？

（1）防止球虫产生耐药性　如果长时间、低浓度单一使用某种抗球虫药，球虫必然会对该药物产生耐药性，而且会对与该药结构相似或作用机理相同的同类药及其他药产生交叉耐药现象。随着养殖业的发展和抗球虫药的大量、广泛使用，这种耐药现象越来越严重。因此，在生产中应采用短时间内有计划地交替、轮换或穿梭使用不同种类的抗球虫药，防止球虫产生耐药性。

（2）合理选用抗球虫药　根据抗球虫药抑制球虫生长发育阶段和作用峰期，合理选择适宜的抗球虫药，及时用药、停药。作用峰期是指抗球虫药作用于球虫发育的主要阶段。不同药物抑制球虫发育的阶段不同，其作用峰期也不相同，掌握药物作用峰期，对合理选择和使用药物具有指导意义。如：氯羟吡啶抑制球虫子孢子和第一代裂殖体，作用峰期是感染后第一天；聚醚离子载体类抑制球虫第一代裂殖体，作用峰期是感染后第二天；球痢灵抑制球虫第一代裂殖体，作用峰期是感染后第三天；氯苯胍主要作用于球虫第一代裂殖体，对第二代裂殖体、配子体和卵囊亦有作用，作用峰期是感染后第三天；磺胺类主要作用于球虫第二代裂殖体，对第一代裂殖体亦有作用，作用峰期是感染后第四天；呋喃类主要作用于球虫第二代裂殖体，作用峰期是感染后第四天。

通常情况下，作用峰期在感染后第一、二天的药物，其抗球虫作用较弱，多用作预防和早期治疗；作用峰期在感染后第三、第四天的药物，其抗球虫作用较强，多用作治疗用药。

在交叉或轮换用药时，通常先使用作用于第一代裂殖体的药物，再换用作用于第二代裂殖体的药物，这样既可提高疗效，又可减少或避免耐药性的产生。

研究表明，球虫刺激机体产生免疫力的阶段主要是第二代裂殖体。因此，抗球虫药抑制球虫发育阶段的不同，直接影响动物对球虫主动免疫力的产生。作用于第一代裂殖体的药物，影响机体产生免疫力，故多用于肉兔，种兔不用或不宜长期使用；作用于第二代裂殖体的药物，不影响机体产生免疫力，故可用于种兔。

（3）注意药物残留 抗球虫药使用时间较长，有些药物如磺胺类、莫能霉素、盐霉素、氯苯胍等，会在肉中残留，人食用后会危害人体健康。因此，使用这些药物应在动物屠宰前有一定的停药期。

（4）加强饲养管理，提高药物防治效果 实践证明，完全依靠药物来控制球虫病是非常困难的，因此在用药的同时，必须加强和改善饲养管理。切实搞好环境卫生，以提高动物的抵抗力，减少球虫的感染机会。饲喂全价饲料，而且在用药期间，应补充维生素 A、维生素 K 及其他多种维生素，从而提高抗球虫药的疗效，达到事半功倍的效果。

85. 兔螨病有哪几种？临床症状有哪些？

兔螨病俗称生癞，是家兔常见、多发的寄生虫病。病原主要是疥螨和痒螨。本病全年均可发生，秋、冬及春季多发。主要通过病兔与健康兔的直接接触感染，兔笼、用具等间接接触也能感染。该病具有高度侵袭性，少数兔患病后如未及时采取有效防治措施，会迅速感染整群。

螨病主要分为耳螨和体螨两类。

耳螨常发生于家兔耳壳内面，病原是痒螨。始发于耳根处，先发生红肿，继而流渗出液，患部结成一层粗糙、增厚、麸样的黄色痂皮，进而引起耳壳肿胀、流液、痂皮愈积愈多，以致呈纸卷状塞满整个外耳道。螨在痂皮下生活、繁殖，患兔表现焦躁不安，兔经常摇头并用后肢抓耳部，食欲下降，精神不振，逐渐消瘦，最后死亡，见图 2-31。

体螨的病原叫疥螨，多发于头部、体表、脚趾。感染部位的皮肤起初红肿、脱毛，渐变肥厚，多褶，继而龟裂，逐渐形成灰白色痂皮。由于患部奇痒，病兔经常用嘴啃咬脚趾，鼻端周围也易被感染，严重时身体其他部位也被感染。患部常因病兔趾抓、嘴啃或在兔笼锐边磨蹭止痒，以致皮肤抓伤、咬破、擦伤并发炎症。病兔因剧痒折磨饮食减少，消瘦、死亡，见图 2-32 至图 2-36。

图 2-31　耳痒螨病
耳壳内有黄色结痂，痂皮下出血。
（李成喜摄）

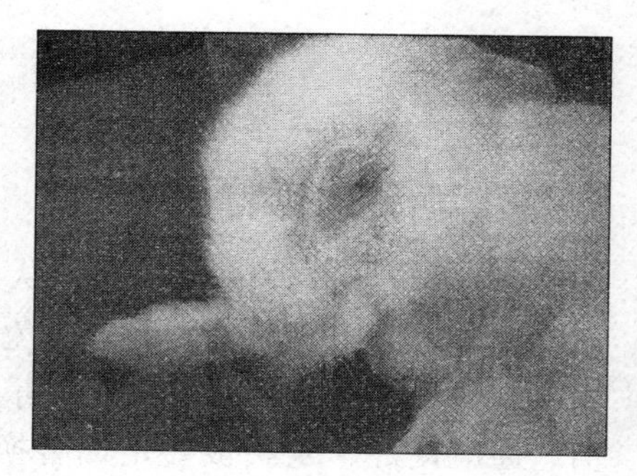

图 2-32　疥螨病
眼、口、鼻周围及四肢脱毛。

图 2-33　疥螨病
脚和腿部脱毛、结痂。

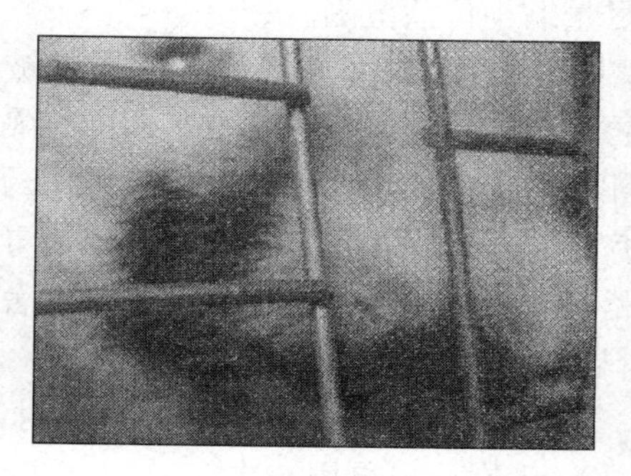

图 2-34　疥螨病
鼻骨部皮肤脱毛、皲裂。

图 2-35　疥螨病
鼻骨部皮肤脱毛。

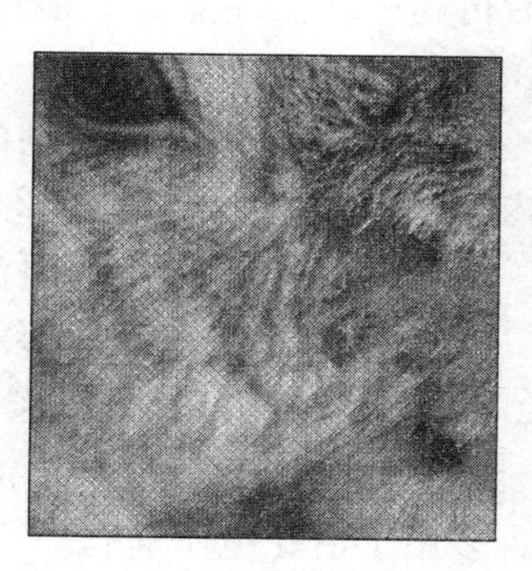

图 2-36　疥螨病
面颊部皮肤脱毛。

86. 如何防治兔螨病？

［预防］

（1）首先从引种把关抓起，从无本病的种兔场购买种兔。

（2）定期用杀螨类药液消毒兔舍、场地和用具。兔笼、笼底板、用具应先清洗，晾干后用药物消毒，或火焰消毒。保持兔舍干燥、清洁、通风良好。笼底板要定期替换，浸泡于杀虫、消毒溶液中洗刷消毒。

（3）对兔群经常检查，发现病兔应隔离、治疗和消毒，或淘汰，尽量缩小传播范围。

［治疗原则］先剪去患部周围被毛，刮除痂皮，放在消毒液中，再用药物均匀涂搽患部及其周围。隔7～10天重复一次，以杀灭由虫卵新孵出的幼虫。不能多次连续用药或全身药浴，以免中毒。每次治疗结合全场大消毒，最好用火焰消毒，特别要对兔笼周围及笼底板严格细致消毒，以减少重复感染。兔舍内严禁处理螨病，毛、痂皮等病料应就地烧毁。

［药物治疗］伊维菌素皮内注射，每千克体重0.2毫克（0.02毫升），1周后可再用一次。

用1%～2%的敌百虫水溶液擦洗患部，每天1次，连用2天，1周后再用一次。注意：不能用肥皂水洗患部，再用敌百虫水溶液擦洗，以免中毒。

用50%的辛硫磷油乳剂配成0.1%或0.05%的水溶液，涂搽耳壳内外，治疗兔耳螨病。0.2%的蝇毒磷溶液涂于患部，一般一次即愈。严重病例可隔3～5天再治一次。

二氯苯醚菊酯乳油（除虫精）1毫克加水2.5～5升，配成2 500～5 000倍稀释液，涂搽一次。未愈时，1周后再治一次。

碘甘油（碘酊3份，甘油7份）灌入耳内，每天1次，连用3天。多用于治疗兔痒螨病。

豆油100毫升煮沸，加入硫黄20克，搅拌均匀，待凉后涂搽患部，每天1次，连用2～3天。

用烟碱溶液涂搽患部，对患病部位剪毛，刮去结痂，涂搽烟碱溶液，前3天每天涂搽1次，后6天每2天涂搽1次。

87. 使用抗螨病药物时应注意哪些问题？

（1）杀虫药通常对动物都有一定的毒性，甚至在规定的剂量内，也会出现不同程度的不良反应，因此在使用杀虫药时，应严格掌握剂量和使用方法，在大群用药前应选少量动物试用，确定安全后再大群用药。

（2）在局部用药时，应先剪去患部及周围的毛，用生理盐水洗去患部痂皮后，再涂搽药物。在用敌百虫进行局部治疗时，切忌先用肥皂水洗患部，再用敌百虫涂搽，以免中毒；而且使用敌百虫只能局部涂搽，切忌药浴，否则，易引起中毒。

（3）全身治疗时，如用伊维菌素注射，应进行皮内或皮下注射，尽量不要将药物注漏，以确保疗效。

（4）外寄生虫的生活周期一般在1周以上，多数杀虫药仅对虫体有效而对虫卵无效，因此为防止螨虫重复感染，应在兔体和环境首次用药后，隔一周再用一次，连续用2～3次，以达到根治的目的。

（5）在进行兔体治疗时，应对兔场所有的环境和用具进行彻底消毒，才能达到根治的目的。

88. 如何诊断和防治兔弓形虫病？

兔弓形虫病是多种动物和人共患的疾病，兔吃入被猫粪污染的饲料、饮水或草料等可引起感染和发病，以幼兔发病和死亡率较高，成年兔死亡率较低。

[临床症状]　兔弓形虫病的急性症状为突然废食，体温升高，呼吸急促，眼内出现浆液性或脓性分泌物，流清鼻涕。病兔精神沉郁，嗜睡，发病后数日出现神经症状，后肢麻痹，病程2～8天，常发生死亡。慢性病例的病程则较长，病兔表现为厌食，逐渐消瘦，贫血。随着病程的发展，病兔可出现后肢麻痹，并导致死亡，但多致病

兔可耐过。

[**病理变化**] 急性病例的肠系膜淋巴结、心、肝、脾、肺广泛坏死，肺水肿，有粟粒样坏死灶，胸腔和腹腔内有大量黄色渗出液。慢性型主要以肠系膜淋巴结肿胀和坏死为特征，肝、脾、肺有白色坏死硬结节，可检查到弓形虫包囊，脾肉芽状肿胀。

[**诊断**] 根据流行特点、症状、病变以及对磺胺类药物有良好的疗效而对抗生素无效等可作出初步诊断。取病变组织如肝、脾、肺、淋巴结及腹水，送实验室染色镜检，可看到虫体。

[**预防**] 兔场严禁养猫。防止猫进入兔舍，以免猫粪污染饲料、饮水。兔场一旦发病，及时淘汰发病兔，所有用具用沸水消毒。对发病率高的兔场或发病兔场的可疑兔，可用磺胺类药物进行预防性治疗，一般 3～5 天为一个疗程，停药数天后再预防治疗一次。

[**治疗**] 使用磺胺类药物治疗，每天 2 次，连用 3～5 天，首次用药剂量加倍。

89. 如何诊断和防治兔囊虫病?

兔囊虫病的病原是豆状囊尾蚴，家兔吃了被犬、猫及啮齿类动物的粪便污染的草料、饲料、饮水等而感染、发病，主要寄生在兔的肝脏、肠系膜及腹腔脏器浆膜，兔的发病率很高。

[**临床症状**] 感染兔往往不表现明显的症状。起初有少部分兔出现精神沉郁，嗜睡，食欲下降，腹胀，腹围增大，可视黏膜苍白，逐渐消瘦，有的兔出现轻微腹泻，极度衰竭死亡。

[**病理变化**] 病兔营养不良，被毛粗糙，极度消瘦；气管、肺脏、心脏、脾脏、肾脏都无眼观病变；肝脏表面有许多纤维样痕迹；腹腔积液，呈淡黄色；大网膜上有许多黄豆大小的白色、半透明的包囊，包囊呈圆形或椭圆形，囊壁薄，破开包囊，流出半透明的囊液和米粒大小的乳白色幼虫结节；肠道无明显病变，粪便基本正常；膀胱积尿。见图 2-37、图 2-38。

[**诊断**] 根据病理解剖，发现特征性的囊虫结节，即可确诊。

[**预防**] 严禁犬进入兔场，用吡喹酮定期给兔驱虫。

［治疗］ 发病兔场应深埋病死兔，全场打扫卫生，彻底消毒。兔群用吡喹酮按每千克体重 100 毫克拌料饲喂，连续饲喂 5 天，停药 3 天，再喂药 5 天。

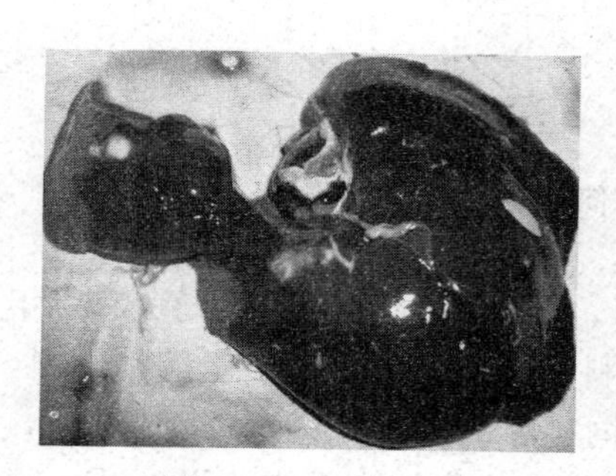

图 2-37　兔囊虫病
肝脏上的豆状囊尾蚴。

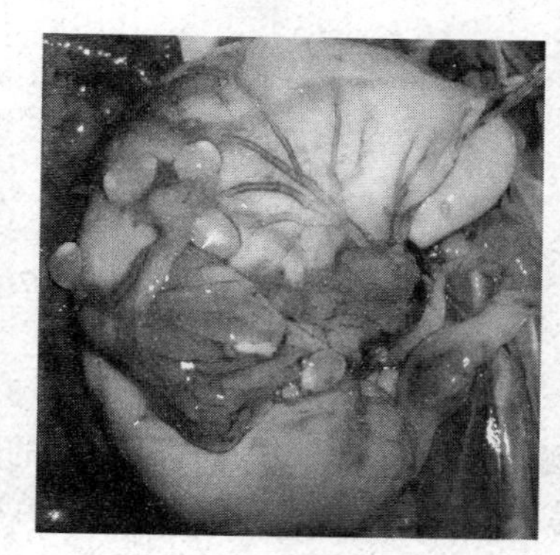

图 2-38　兔囊虫病
胃网膜上的豆状囊尾蚴。

第三章　兔普通病

90. 兔积食的病因有哪些？如何防治？

［**病因**］家兔积食病又称胃扩张，多见于2～6月龄的幼兔和青年兔。主要是贪食过多适口性好的饲料，特别难消化的玉米等精饲料，易膨胀的麸皮等，饲喂腐败、冰冻饲料等引起的。

［**症状**］通常在采食后数小时内发病。病初表现为流涎磨牙，腹部逐渐增大等，触诊可明显感到胃容积胀大，叩诊呈鼓音，心跳加快，呼吸急迫，如不及时治疗则会发生胃破裂或窒息、死亡。

［**预防**］加强饲养管理，注意定时定量饲喂，防止兔贪食，一般喂七八成饱，尤其是刚断奶的兔应逐渐增加喂量，切忌饥饱不均，暴饮暴食。

［**治疗**］病初可停喂1～2天，或停喂精料，只喂易消化的青绿饲料，严禁饲喂腐败、变质、冰冻饲料，让兔充分运动。

内服食醋30～50毫升，或液体石蜡10～15毫升、植物油10～15毫升，或内服大黄苏打片1～2片，或口服酵母片、多酶片、胃蛋白酶等。

91. 兔毛球病的病因和症状有哪些？如何防治？

兔毛球病，是兔毛与胃内容物混合形成坚固的毛球，阻塞肠管或幽门，导致肠道不通的一种腹痛病。临床特征为喜卧或不安，粪便干硬，渐进性消瘦。主要发生于成年长毛兔或老龄兔。

［**病因**］主要是兔食入兔毛而致病。家兔食入兔毛的原因较多，如笼舍狭小，互相拥挤而吞食其他兔的绒毛，或毛兔的绒毛脱落在饲料和垫草中，而未能及时清扫被兔食入；长毛兔身上的长毛未及时梳

理，粘连成团，家兔自感不适而咬毛吞食；日粮中粗饲料不足，缺乏蛋氨酸和胱氨酸，或缺少某些矿物质、维生素等，致使兔的食欲不正常，发生互相啃咬皮毛。

［临床症状］病兔食欲减退，便秘，喜饮水，常伏卧，消化不良，机体逐渐消瘦。明显的症状是，粪球中可见到绒毛，由于绒毛的联结，使粪球形成一长串。当绒毛与胃内容物混合形成坚固毛球不能通过幽门时，致使胃内饲料发酵而引起胃膨胀，甚至形成胃阻塞；若毛球通过幽门而留在小肠内时，则导致肠梗阻的发生。不论是胃阻塞或肠梗阻，临床上均有胃肠臌气、神情不安等症状，腹部触诊可摸到胃肠内有多量气体，在穿腹放气后，可触摸到毛球，此时病情加剧，若不及时治疗，常因衰竭而死亡。

［变化］兔消瘦，腹部膨大，胃容积增大，肠管内空虚，在胃内或小肠内发现毛球。

［诊断要点］病兔有食毛癖或有互相啃咬皮毛的习惯；食欲减少，粪便干硬，粪球内有较长绒毛；腹部触诊有胃肠臌气或可摸到胃肠内毛球。

［预防］科学地饲养和管理，在日粮中添加蛋氨酸、胱氨酸、矿物质和富含维生素的青饲料，有食毛癖的兔要单独饲养，及时治疗体外寄生虫。注意兔舍卫生，及时清除散落在饲料中的兔毛。

［治疗］为了清除胃肠内绒毛和促进干硬粪球排出，用植物油（如菜油）或龙胆苏打片 1～3 片，加水适量一次内服。服药后，配合按摩腹部，能促进毛球或干硬粪便排出。毛球排出后 1～2 天，应喂给少量易消化饲料，食欲较差的给予健胃剂或制酵剂，用干酵母 0.5～1.0 克，加水适量，一次内服；或用大蒜 6 克、醋 15～20 毫升，一次口服。对有食毛癖的病兔，可试用石膏治疗，幼兔每日 0.5～1.0 克，一次口服。

严重病例用上述方法很难奏效，可施行腹腔手术取出毛球。

92. 兔便秘的病因和症状有哪些？如何防治？

［病因］

（1）粗、精饲料搭配不当，精饲料多，青饲料少，或长期饲喂干饲料，饮水不足，均可引发本病。

（2）饲料中混有泥沙、被毛等异物，致使形成大的粪便块或粪球而发生本病。

（3）运动不足，胃肠道蠕动迟缓，排便习惯紊乱所致。

（4）继发于排便带痛性疾病，如肛窦炎、肛门炎、肛门脓肿、肛瘘等；或是排便姿势异常的疾病，如骨盆骨折、髋关节脱臼，以及热性病、胃肠弛缓等全身疾病的过程中。

［**症状**］病兔食欲减退或废绝，肠音减弱或消失，精神不振，不爱活动，初期排出的粪球小而坚硬，排便次数减少，间隔时间延长，数日不排便，甚至排便停止。有的病兔频作排便姿势，但无粪便排出。病兔腹胀，有起卧不宁，回头顾腹等腹部不适表现。触诊腹部有痛感，且可摸到有坚硬的粪块。肛门指检过敏，直肠内蓄有干硬粪块。病兔口舌干燥，结膜潮红，食欲废绝。除继发于某些热性病外，体温一般不升高。剖检时发现肠管内积有干硬粪球，前部肠管积气，见图 3-1。

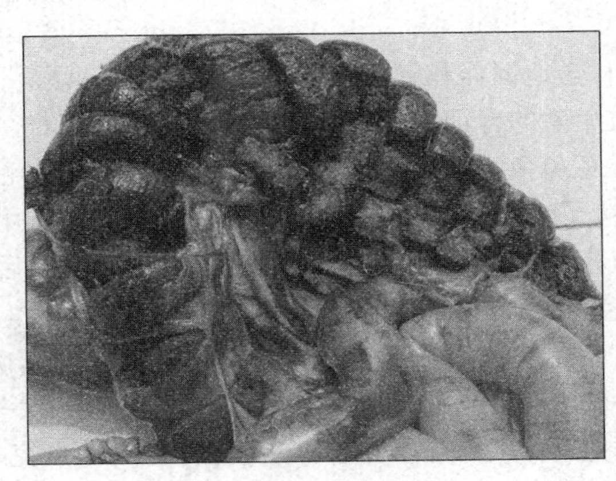

图 3-1　便　秘
盲肠内粪便干硬。

［**预防**］夏季要有足够的青绿饲料；冬季喂干粗饲料时，应保证充足、清洁的饮水；保持兔笼干净，经常除去被毛等污物；保持兔适当的运动，保证胃肠蠕动；喂养定时定量，防止饥饱不均，以减少本病发生。

[**防治**] 治疗原则是疏通肠道，促进排便。

首先，病兔禁食1～2天，勤给饮水。其次，可轻轻按摩腹部，既有软化粪便作用，又能刺激肠蠕动，加速粪便排出；或用温肥皂水，或用2%碳酸氢钠灌肠，软化粪便，加速粪便排出；或用山乌桕根10克，水煎内服；或多酶片2～4片研末加适量蜂蜜和水，调匀，1次灌服，每天2次，连用2～3天；或用10%鱼石脂溶液5～8毫升，或5%乳酸液3～5毫升内服；或用芒硝、大黄、枳实各3克，厚朴1克，煎汁内服；或用开塞露1支，剪开后插入肛门4厘米左右，挤出药液，结合口服大黄苏打片4片，饮水加补液盐，每天1次，连用2天；或用菜油或花生油25毫升，蜂蜜10毫升，水适量内服；也可用植物油或液体石蜡等润滑剂灌肠排便；或取神曲20～50克压碎，放入200～500毫升温水中，浸泡1～2小时，过滤除去滤渣后灌服，成年兔30～50毫升，仔幼兔酌减，一般用药1次即愈；或取蜂蜜15毫升，生大黄粉3克，每只兔1次服5毫升，每天3次，但孕兔禁用。病重兔应强心补液，以增强机体抵抗力。病轻后要加强护理，多喂多汁易消化饲料，使食量逐渐增加。

93. 兔胀气的病因和症状有哪些？如何防治？

[**病因**] 本病是消化障碍性疾病，主要发生于3月龄以内的幼兔，死亡率较高。兔采食过多易发酵饲料（如麸皮）或易膨胀的饲料（如豆渣），腐败变质霉烂、冰冻或带泥沙的饲料，带水的草，品质不良的青贮饲料，嫩绿的青草、开花的三叶草等易引起肚胀。此外，饲料突然改变，造成贪食也易致病。气候突变，冬季饮用冷水，兔舍寒冷、潮湿、阳光照射不足是本病的重要诱因。结肠阻塞、便秘也可继发臌胀。

[**症状**] 病兔食欲废绝，腹部膨大。手指敲弹腹部，呈鼓响音。腹痛，鸣叫。呼吸困难，蹲伏不动。一般在2～3天内死亡，急性病例在几小时内死亡。

[**病变**] 胃极度扩张，充满饲料和恶臭的气体。肠道充满气体，内容物稀薄，含有未消化的饲料。胃肠血管充满暗红色血液。

[预防] 加强饲养管理，定时、定量、少喂多餐。饮水清洁、充足，适当运动。对易发酵、臌气的饲料要搭配适当，不可贪食。不喂霉变饲料、带水草、含水分多的嫩绿青草和不清洁的草等。更换饲料要逐渐过渡。幼兔断奶不宜过早，断奶时逐渐换料，切忌暴饮暴食。

[治疗] 立即停喂精饲料，并灌服植物油15毫升（加等量温水，幼兔减半），也可加十滴水3～5滴和薄荷油1～2滴内服。内服液体石蜡10～15毫升，同时用胡萝卜捣汁100～150毫升内服。大蒜6克打烂，加醋30毫升，内服。姜酊2毫升、大黄酊1毫升，加温水内服。内服大黄苏打片1～2片，幼兔减半。肌内注射10%安钠咖0.5毫升，缓解心肺机能障碍。紧急时，可用注射器从肠管抽气。干麦芽6克煎水内服，孕兔和哺乳母兔忌用。石菖蒲、青木香、野山楂各6克，橘皮10克，神曲1块，煎服。山楂、神曲、谷芽各36克，煎服。

94. 兔流行性胀气病的症状有哪些？如何防治？

本病在近年来很多兔场都有发生，由于缺乏特效的治疗手段，则很难得到有效的控制，发病率30%～70%，病死率高达90%以上。

[临床症状] 各品种兔均能发生；各年龄段兔均能发病，但以断奶后至3月龄的兔为主。病兔精神不振，食欲、饮欲全无，蜷缩于兔笼一角，捉起兔摇晃，可听见响水声；腹部膨大似鼓，呼吸急促，一旦出现停食、呆立则蜷缩后1～3天内死亡。发病初期粪便变化不大，随后渐渐变少直到停止；有的兔子出现腹泻，多数病兔拉出的不是粪便，而是白色胶冻样的黏液。

[病理变化] 盲肠病变是本病的特征，内容物干燥结块，有的坚硬如石，堵塞肠道，而盲肠壁变薄。这种病变约占发病兔的20%。小肠发酵、臌气严重，充盈有大量水样液体和气体，使得肠围膨大2～3倍。肺肿大、充血甚至出血，可能是腹压增大而受到压迫所致。胃内充盈有糊状食糜，外观能见到黑斑，剖开后胃壁可见到大小不等的溃疡斑。结肠和直肠内常常有胶冻样内容物，似果冻样，堵塞肠道，见图3-2至图3-5。

图 3-2　胃臌胀

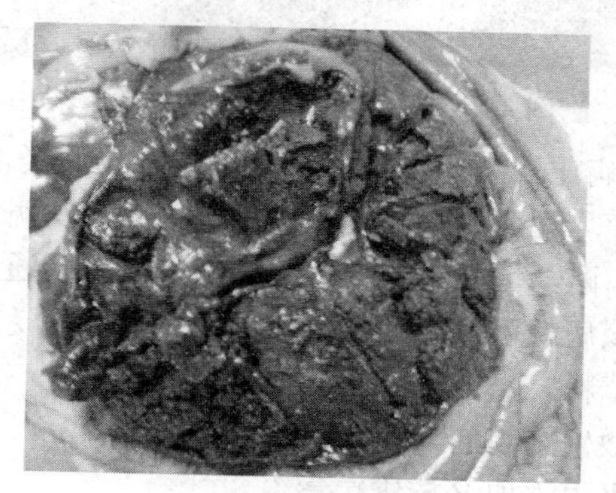

图 3-3　盲肠粪便干燥

图 3-4　肠道臌气、充满胶冻样分泌物

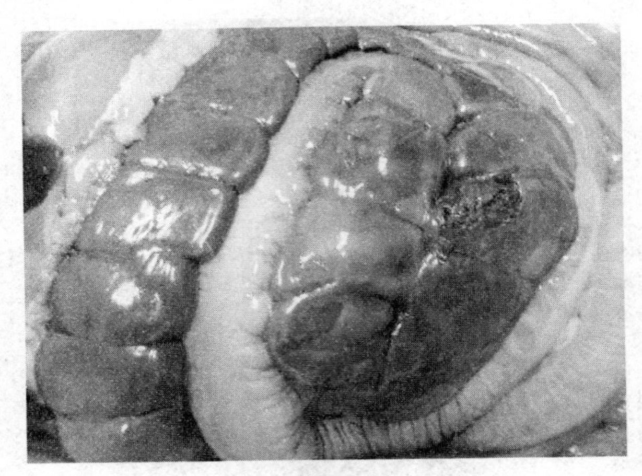

图 3-5　盲肠浆膜面出血、粪便干结

[防治] 该病比较顽固，常用环丙沙星、磺胺类等各种抗菌药及抗霉菌药物治疗均无明显疗效，无法控制病情。发病兔场几乎分离到纯的大肠杆菌，耐药性强。治疗的原则应以“润肠通便”为主，只要盲肠畅通了，该病就可以得到有效控制。

（1）多喂草料，降低精料或停喂精料。

（2）饲喂微生态制剂，调整肠道菌群。

（3）在饮水中添加 B 族维生素。

（4）常用液体石蜡、植物油灌肠、口服。

95. 兔腹泻的病因有哪些？如何防治？

家兔以腹泻为特征的疾病在临床中经常遇到，各养兔场时有发生。腹泻可发生于各种年龄的兔，其发病率和死亡率都很高，尤以 2 月龄以内的仔、幼兔较为多发。腹泻引起的死亡约占家兔死亡总数的 70%以上。基层兽医和养殖户一般忽视了对发病原因的分析，一味使用抗生素治疗，效果不佳。

[病因] 引起腹泻的原因很复杂，一般能影响消化机能的因素都可引起腹泻，包括感染性和非感染性因素。非感染性因素：长途运输，环境突然改变，仔兔断乳等突然改变了肠道内生理平衡，引起腹

泻；饲养管理不当（草料突然改变，饲喂不定时定量，贪食过多，断奶过早或刚断奶后的贪食，饲养密度过大，兔舍寒冷潮湿等）；饲料、饮水品质不良，精料过多，粗纤维过少，碳水化合物加重了大肠的负担，诱发细菌性肠炎；喂霉败饲料、露水草、冰冻饲料，过食不易消化的草料，饮水不洁；气候突然变化，扰乱兔的正常采食，使肠道蠕动增强或减弱而引起腹泻。感染性因素：通常感染性因素是在非感染性因素的诱导下产生的，包括肠道细菌（大肠杆菌、魏氏梭菌）、霉菌、病毒（轮状病毒）和寄生虫（球虫）。还有一些中毒性疾病（有毒植物中毒、有机磷中毒等）也可引起腹泻。

（1）因传染病和寄生虫病引起的腹泻　这类原因引起的腹泻约有20余种，常见的有魏氏梭菌病、大肠杆菌病、沙门氏菌病及球虫病等。这类腹泻除根据腹泻的性状、色泽等诊断外，尚无特异的临床特征，应结合流行病学分析、剖检、实验室诊断，查找病原进行确诊，确诊后选择有效抗生素进行治疗。平时要以预防为主，注意环境卫生与消毒，定期接种疫苗，有计划地安排使用抗生素药物预防。

（2）消化不良性腹泻　多发于断奶前后的仔兔，主要表现食欲下降、精神不振、体温一般正常或稍低，稀便中常混有大量未被消化的乳块和饲料残渣。仔兔消化不良性腹泻主要是因为消化器官的发育和机能尚不完善，对营养物质消化能力差，开食过早，采食难以消化的草料。治疗宜采用乳酶生、多酶片、食母生等帮助消化的药物，效果显著，治愈率达95%以上。仔兔应在20日龄开食为宜，少吃多餐，定时定量补充易消化的饲料。

（3）突然变更饲料引发的腹泻　常见于开春和初夏青草开始萌发生长季节。因冬季以干粗饲料为主，突然饲喂青饲料，家兔贪食过量引起腹胀拉稀，易发腹泻。预防应在变更饲料时逐渐增减，循序渐进，最好在7～10日内完成。发病时应调整饲料，对症治疗才能收到较好效果。

（4）乱用抗生素导致的腹泻　长期连续使用抗生素药物，容易致使肠道正常菌群平衡失调，造成消化机能紊乱。因此在预防性添加抗生素时，要根据本场兔病流行情况和健康状况，合理安排使用。要控制每次用药时间，留有一定的间隙期，并要几种药物交替使用，以防止药物蓄积中毒和病原产生耐药性。

(5) 饲料中毒性腹泻 一般常见的有三种情况：一是饲草饲料本身含有有毒物质，如某些毒草、棉子饼、生大豆、出芽的土豆等；二是用被农药或鼠药污染的饲草饲料喂兔引起中毒；三是饲草饲料在加工、贮藏过程中产生一定毒素，如亚硝酸盐、霉菌毒素等。

(6) 精料过多性腹泻 家兔为草食动物，有其独特的消化生理特性，精料比例过大，特别是玉米含量过高，淀粉在小肠内消化吸收不全，势必增加后肠段负担，造成异常发酵，正常菌丛受到抑制，消化机能紊乱引起腹泻。实践表明日粮中蛋白质和玉米含量均不宜过高。

(7) 应激性腹泻 引发家兔产生应激反应的因素是多方面的。在我们的临床实践中，常见的为长途运输、环境骤变、忽冷忽热、惊吓等几种原因。

［**预防**］加强饲养管理，精、粗饲料合理搭配，粗饲料控制在日粮的45%～55%，可极大降低肠炎的发病率。饲槽定期刷洗、消毒，饮水要卫生，垫草勤更换。注意通风、防寒，保持兔舍清洁、干燥。饲喂要定时定量，防止过食。不突然变更饲料，变换饲料应逐渐过渡，让兔慢慢适应。不喂霉败变质、带水和冰冻饲料。减少应激，保持兔舍及周围环境安静。在饲料中添加预防药物，如喹乙醇、抗生素、磺胺类药物、抗球虫药等。如每千克幼兔饲料添加喹乙醇预混剂2.5～3.5克或金霉素10克，可降低幼兔腹泻发病率。

［**治疗**］

(1) 非感染性腹泻 消除病因，改善饲养管理，饲喂易消化的草料。增加粗饲料，减少精料或停用精料。对消化不良的病兔治疗应以清理胃肠、调整功能为主。清理胃肠可用硫酸钠或人工盐2～3克，加水40～50毫升，一次内服；或植物油10～20毫升，内服。调整胃肠功能可服用各种健胃剂，如：口服大蒜酊、龙胆酊、陈皮酊5～10毫升；口服微生态制剂，如调痢生、促菌生等，调痢生可按每千克体重口服100毫升，每天1～2次，连喂2～3天；内服大蒜汁或乳酶生；腹泻严重者，可口服次硝酸铋、鞣酸蛋白，口服人工补液盐和5%的碳酸氢钠，防止脱水和酸中毒。

(2) 感染性腹泻 杀菌消炎，收敛止泻，维护全身机能。根据药

敏试验选择敏感的药物进行治疗，如口服磺胺类药物、环丙沙星、诺氟沙星、氧氟沙星、土霉素、复方氨苄西林等，注射新霉素、庆大霉素、黄连素等。对腹泻严重者，口服鞣酸蛋白、活性炭、硅碳银，口服人工补液盐或电解质多种维生素，防止脱水。在饲料中添加5%～8%炒熟的高粱面，也能起到止泻的作用。也可用中药防治，如白头翁、黄连、银花、槐花各15克，水煎服。

96. 蒙脱石治疗兔腹泻有效吗?

对天然蒙脱石的药理研究表明，它对大肠杆菌、霍乱弧菌、空肠弯曲菌、金黄色葡萄球菌、轮状病毒及胆盐都有较好的吸附作用，对细菌毒素、消化道内的病毒、病菌及其产生的毒素有固定作用。此外，蒙脱石能吸附霉菌和细菌毒素，如能阻止T-2毒素在小肠内吸收，可抵消或部分抵消黄曲霉毒素对动物生长及动物血液生化指标的不良影响，霉变饲料经纳米蒙脱石处理后，黄曲霉毒素B_1可达到我国卫生部制定的饲料卫生标准（≤20微克/千克）和欧美标准（0～20微克/千克）。幼兔日粮中用纳米蒙脱石替代喹乙醇同样能够很好地控制幼兔腹泻。使用喹乙醇虽能有效地减少幼兔的腹泻次数，降低其腹泻率，然而喹乙醇在动物体内有一定残留，而且它是一种基因毒剂，有致突变、致畸和致癌性等危害。目前含有喹乙醇的饲料出口已受限。而纳米蒙脱石是一种新型矿物药物，用于治疗和预防獭兔腹泻等疾病具有无药物残留、无激素、无耐药性、疗效稳定、无毒副作用的优点。

97. 兔子排红色尿液有哪些病?

正常新鲜尿液为微混浊淡黄色，这是因为尿液中有黄尿素的缘故。尿液中如果出现不正常的成分，可导致尿色异常。从尿液颜色变化可诊断出某种疾病。

（1）尿液少，色红或黄，表示有“火”或“热”证；尿多清而淡表示有“寒”证。

（2）尿的次数增加，尿中带血或血块，尿疼，有氨臭味，可能患有膀胱炎。

（3）尿少，红棕色或带血，并有皮下水肿，表现疼痛，可能患有肾炎。

（4）长期血尿，无疼痛感，可能是肾母细胞瘤。

（5）黄褐色尿，表示患有肝脏损伤性疾病，如豆状囊尾蚴病、肝片吸虫病、肝硬化等。

（6）酱油色尿　是由于红细胞大量被破坏而造成的。当血中的凝血因子发生异常改变或感染时，则造成溶血，经肾排出，尿色为酱油色。

（7）乳白色尿，是由于脂乳浊液进入尿中，又称乳糜尿，常见的疾病有腹腔结核病、肿瘤压迫，妊娠母兔也可出现乳糜尿。

（8）脓尿，常见于泌尿道化脓性感染，脓汁混入尿中，使尿液混浊或呈脓汁样。常见疾病有肾盂肾炎、肾积脓等。应注意的是尿液搁置过久，也会变得混浊，经常见到的钙质沉积笼底板或地面，并有红色尿液可见，这都是正常现象。

（9）尿液颜色与饮水、饲料种类有关系，服用了某些药物也会改变尿液颜色。所以必须把病态尿和一般尿液颜色变化加以区别。

98. 兔感冒怎么防治？

感冒是家兔的常见病之一，多发生于秋末至早春季节，由于气候突变，冷热不均，兔舍潮湿，通风不良，贼风侵袭，长毛兔剪毛后受寒，越冬措施不好，兔舍漏雨以及病原微生物感染而发病。病兔食欲减退，先流清鼻涕，后渐变稠或呈脓样，打喷嚏，鼻黏膜潮红，轻度咳嗽，重症患者连续咳嗽，体温40℃以上。后期呼吸困难，如治疗不及时、护理不当，则可引起支气管炎甚至肺炎。

［防治］

（1）加强饲养管理　气候突变时，及时做好防寒保暖工作，提供优质饲料和温热饮水。

（2）及时隔离　发现病兔应及时隔离，饲养在温暖的地方。

(3) 药物治疗　肌内注射复方氨基比林注射液，每千克体重0.5～1毫升，每天1～2次，连用2～3天；肌内注射青霉素、链霉素各10万～20万单位，每天1～2次，连用2～3天；内服阿司匹林，成年兔1片，幼兔减半，每天2～3次，连用2～3天；肌内注射20%磺胺嘧啶注射液，成年兔2毫升，幼兔减半，每天1次，连用2～3天。

99. 兔中暑怎么防治?

［预防］

(1) 夏天，兔舍要通风凉爽，用冷水喷洒地面降温。

(2) 露天兔舍要搭设凉棚，避免阳光直射家兔。

(3) 兔笼要宽敞，防止家兔过于拥挤。

(4) 要保证充足的饮水，并在饮水槽内加入1%～2%食盐。以促进食欲，补足盐分。

(5) 饲料多样化，以青饲料为主，精饲料为辅。在饲料中拌入大蒜水，既能开胃清热防暑，又能消毒杀菌。

(6) 注意防蚊。兔舍内的粪便、污物要每天清除，保持兔舍安静，通风流畅；勤洗饲槽、饮水器，定期用0.1%～0.5%高锰酸钾作饮水或食具消毒，2%～3%来苏儿对地面或用具消毒。

［治疗］

(1) 发现中暑后立即把兔放到阴凉通风处，供给1%的盐水饮用，以冷水敷头或在耳静脉放出适量的血，然后灌十滴水3滴；仁丹3～5粒，薄荷水3～4滴，加10毫升水灌服；头部太阳穴涂清凉油；把砖用水浸透，让兔趴在上面降温。

(2) 西瓜、白糖适量，加水调和灌服，可很快缓解症状。

(3) 病兔昏倒时，可用大蒜汁、韭菜汁或姜汁滴鼻。

100. 兔软骨病的病因和症状有哪些？如何防治?

兔软骨病是以全身性骨质软化为特征的疾病。

［病因］

（1）家兔骨软病，多因长期饲喂缺乏钙、磷或维生素D的饲料而引起，尤其是怀孕期或泌乳期的母兔最易发病。钙和磷不足或比例不当时，可引起家兔软骨病、骨质疏松症，公兔性欲低下、精液品质不良，母兔受胎率低、死胎多、胎儿畸形等病症。一般钙和磷的比例为1.5∶1为宜，钙的不足可用饲料碳酸钙补充，日粮中钙稍高不必调整，因家兔对高钙有强的耐受能力。

（2）长期饲喂单一的块根类饲料，因块根类饲料富含草酸，引起脱钙作用而发病。

（3）兔舍内长期潮湿、阴冷、阳光照射不足，兔运动量少，胃肠道疾病都会引起维生素D的不足或缺乏。

［临床症状］患病兔四肢骨骼、脊柱和头骨弯曲，骨端粗大，肋骨结节突起，呈畸形，也有的发生肋骨骨折；病兔大都四肢无力，行走迟缓，跛行，严重的完全不能行走，不爱吃食，有吞食被毛、啃墙、吃煤渣、土块等异常现象。

［预防］饲喂全价饲料，注意饲料的多品种搭配，可在饲料中添加适量的骨粉、贝壳粉、蛋壳粉等矿物质饲料，钙、磷比例搭配恰当（1.5∶1）；补充维生素D。其次在建造兔舍时要选择地势干燥、排污方便、坐北向南、背风向阳的有利条件，尤其在冬季要保证兔有足够的日光照射，并让兔有适度的运动量，特别是怀孕期或泌乳期的母兔、生长幼兔应给充足的光照和适当的运动。平时注意预防和即时治疗胃肠道疾病。

［治疗］

（1）可肌内注射维生素A、维生素D 0.5～1毫升，每天1～2次，连用5～7天。或者肌内注射维生素D_2，每只兔1 000～5 000单位。

（2）胶性钙剂1 000～5 000单位，内服，每天1～2次，连续服用7天为一疗程。也可内服骨粉2～3克，乳酸钙0.5～2克。

（3）鱼肝油1～2毫升为1次内服量，每天2～3次，连用5～7天。同时在日粮中添加钙片1片。

（4）静脉注射10％葡萄糖酸钙注射液，每千克体重0.5～1.5毫升，每天1～2次，连用5～7天。

（5）可选用碳酸钙或医用钙片，压碎，拌料。也可用乳酸钙0.5～2克，结合鱼肝油1～2毫升，拌料。

101. 除软骨病外，还有什么原因引起兔瘫软？如何防治？

［病因］

（1）母兔在夏天实行人工授精，母兔怀孕后，由于气候炎热，母兔采食量减少，导致营养缺乏，引起全身瘫软。

（2）饲喂霉变饲料，种兔也易瘫软。

（3）种兔患慢性兔瘟，易瘫软。

［防治］

（1）在炎热的夏季，除全封闭式、可降温的兔舍以及气候温和、降温快的地区外，其他的开放式、半开放式兔舍和不易降温的地区一般不要配种繁殖，即使可以配种繁殖，也要给予母兔充足的营养、补充钙、维生素D等。

（2）杜绝饲喂霉变饲料。

（3）对种兔监测兔瘟抗体，适时免疫兔瘟疫苗。

102. 兔结膜炎的病因和症状有哪些？如何防治？

［病因］灰尘、泥沙等异物落入眼内或机械性损伤，受化学药物和有毒气体的刺激，某些细菌感染或维生素A缺乏等，都可引起本病。

［症状］病兔怕光、流泪，结膜潮红、肿胀、疼痛。病初分泌物呈浆液状，如不及时治疗，往往会转为黏液性和脓性分泌物，常将上下眼睑黏合在一起，以致眼睛无法睁开。发生脓性结膜炎时，局部反应较重，黏合的眼睑内常积有脓液，角膜混浊，有时溃烂，严重者可导致失明。

［预防］

（1）保持笼舍的清洁卫生，防止灰尘、沙土和异物落入眼内。

（2）清除兔笼上的倒刺、铁钉，经常饲喂含维生素A丰富的饲料。

［治疗］

(1) 洗眼 可用2%～3%硼酸水，或0.1%食盐水，或0.01%新洁尔灭溶液冲洗眼睛，清除眼屎。

(2) 消炎 洗眼后用0.25%硫酸锌眼药水滴眼，每天4～5次，连用3～4天。

(3) 镇痛 可用1%盐酸普鲁卡因溶液滴眼，每天2～3次，连用3～5天。

103. 兔溃疡性脚皮炎的病因和症状有哪些？如何防治？

兔溃疡性脚皮炎是指发生于跖部的底面或掌部、趾部侧面和跗部的损伤性、溃疡性皮炎。

［病因］由于家兔长期饲养在狭小的兔笼里，铁丝笼底或其他不合标准的高低不平的粗糙笼底板造成兔脚的损伤，加之粪尿和污物的长期浸渍，形成溃疡性脚皮炎。

［症状］病初表现为神经过敏、易兴奋和频繁地跺脚。常于跖部底面和趾部侧面的皮肤上发生大小不等的局部性溃疡，表面覆盖干燥痂皮，有时发生继发性感染而出现痂皮下化脓，严重时可形成蜂窝织炎。病兔厌食，行走困难，有拱背和走高跷样病态，四肢频繁交换，以支撑体重。

［预防］改进兔笼设计。兔笼应宽敞舒适，笼底应平整，竹底板应光滑、无毛刺。笼舍应保持清洁干燥。

［治疗］隔离病兔，患部用3%的过氧化氢溶液冲洗后，除去坏死组织，然后涂搽红霉素软膏。若溃疡开始愈合时，可涂搽5%龙胆紫溶液；如形成脓肿，可采用外科常规法排脓，并用青霉素、链霉素进行全身治疗。

104. 兔流鼻液的病因有哪些？怎样防治？

兔流鼻液的病因常见于以下几种疾病：

(1) 巴氏杆菌病 表现为浆液性、黏液性或黏液脓性鼻漏。可用青霉素、链霉素、卡那霉素、庆大霉素、氟苯尼考、阿奇霉素、磺胺

类药物等治疗。

（2）支气管败血波氏杆菌病　表现为鼻腔黏膜充血，流出多量浆液性或黏液性分泌物，通常不变脓性。可用卡那霉素、庆大霉素、氟苯尼考、阿奇霉素、红霉素、四环素、磺胺类药物等治疗。

（3）葡萄球菌病　表现为流出大量浆液性或脓性鼻液后，在鼻孔周围干涸结痂，打喷嚏。可用青霉素、红霉素、磺胺类药物等治疗。

（4）兔肺炎球菌病　表现为精神沉郁，减食，咳嗽，流黏液性或脓性鼻涕。可用青霉素、红霉素、磺胺类药物等治疗。

（5）感冒　表现为咳嗽、打喷嚏，流水样鼻涕。可用抗生素或中药治疗。

（6）支气管炎　表现为咳嗽，呼吸困难，流鼻涕等。可用抗生素或中药治疗。

（7）兔痘　表现为流鼻液。无特效药治疗。

105. 獭兔脱毛的病因有哪些?

（1）患皮肤病　兔螨病和真菌病是引起脱毛的主要原因，常表现为局部脱毛，严重者可导致全身脱毛，兔严重消瘦。传染性强，发病率高，死亡率低。

（2）营养不良　獭兔长期营养不足或不全，维生素缺乏，含硫氨基酸缺乏，全身新陈代谢紊乱，皮肤代谢失调。往往出现被毛无光泽，平整度差，稀疏零乱。严重者全身或局部脱毛。獭兔属皮肉兼用兔，既要长皮，又要长肉，营养水平要求较高。研究表明，獭兔适宜营养水平为消化能 11.4～11.9 兆焦/千克，粗蛋白质 18%～19%，粗纤维 6%～8%，粗脂肪 3%～4%，钙 0.88%～0.99%，磷 0.80%～0.82%，含硫氨基酸 0.9%。

106. 兔子脱肛怎么办?

（1）手术整复

①术前控制兔子的采食量，并通过采用一些可控制的泻药（如硫

酸镁）促其排空粪便与尿液。

②手术时将发病的兔倒提保定，用肥皂水将肛门周围皮肤及尾根、腿部洗净，用0.1%高锰钾溶液或2%～5%明矾水或淡盐水冲洗、消毒脱出的直肠黏膜，通过挤压放出水肿液，然后涂红霉素等抗生素软膏或青霉素粉。用温生理盐水（0.9%的食盐凉开水也可）或清洁温水浸泡过的纱布热敷，按压脱肛部位，使脱出的直肠复位，随即进行肛门烟包式或十字缝合，松紧适当，过紧妨碍排便，过松易引起再度脱肛。

（2）术后护理

①发病兔手术后肌内注射青霉素、链霉素，每天2次，连用3天，用药量视发病兔体重大小，按药物说明的剂量使用，或日粮中加入0.1%金霉素以抗菌消炎。对体质弱者或用党参、白术、当归、甘草、陈皮、黄芪各10克，柴胡、升麻各6克，水煎服进行调理。

②术后控食1～2天，其间可喂50%的葡萄糖水适量，同时注意补充维生素C，增强动物的营养和抗应激能力。这期间应喂给流质饲料，并逐渐增加喂量，7天后恢复正常喂食量。

③加强饲养管理，做好笼舍消毒、卫生、干燥、保温工作，积极预防呼吸道、消化道疾病，防止继发感染。

④喂适口性好、易消化的全价饲料，消除一切发病诱因。

（3）中草药疗法

用金樱根100克（如没有根可用其果代替），白背叶根50克，水煎去渣取汁待凉后分3次拌料喂服或灌服（可供15～20只成年兔或30～40只幼兔服用）。连用3～6剂，一般3剂肛体便会缩回原位，重症者6剂可治愈（脱出部坏死糜烂者除外）。这种方法具有不需动手术、简便、安全、经济、快捷和治愈率高等优点，是一种比较理想的治疗方法。

107. 兔子吃毛的病因有哪些？

兔大量吞食自身或其他兔被毛的现象称为食毛癖。大量兔毛在胃内与食物纠结成毛团，堵塞幽门或滞留在十二指肠而发生的疾病为毛

球病。

兔饲料中缺少某些体内不能合成的含硫氨基酸如蛋氨酸、胱氨酸、半胱氨酸以及微量元素和维生素时，易发生食毛癖。粗纤维不足可能也是病因之一，有的兔爱食其他兔的毛，其他兔模仿，引起许多兔互相食毛。

［**症状**］患兔表现食欲不振、喜伏卧、好饮水，日渐消瘦和便秘。粪球中含较多兔毛，甚至由兔毛将粪球相连成串状，腹部触诊在胃或肠道中能摸到毛球，大小不等，较硬，可轻轻捏扁，本病多发于长毛兔。

［**防治**］加强饲养管理，日粮中注意补充含硫量高的动、植物蛋白质饲料如血粉、蚕蛹、大豆饼、芝麻饼、花生饼、黄豆、豌豆等，以及供给充足的粗纤维、微量元素和维生素等，可防止食毛癖的发生。发现患兔要及时分笼饲喂，以免互相啃食被毛。患兔每天喂服蛋氨酸 1～2 克，1 周内可停止食毛癖。

发生毛球病后，早期一次内服植物油 20～30 毫升或人工盐 3～5 克溶水灌服，并投予易消化的柔软饲料以泻出毛球。食欲不佳时，可喂大黄苏打片 1～2 片或人工盐 1～2 克以温水灌服。

108. 小兔子眼睛流眼泪和眼屎怎么治？

这种病叫兔结膜炎，可按照兔结膜炎的治疗方法进行治疗。

（1）洗眼 可用 2%～3%硼酸水，或 0.1%食盐水，或 0.01%新洁尔灭溶液冲洗眼睛，清除眼屎。

（2）消炎 洗眼后用 0.25%硫酸锌眼药水滴眼，每天 4～5 次，连用 3～4 天。

第四章　兔产科病

109. 母兔不孕症的病因有哪些？如何防治？

［病因］

(1) 营养性不孕　机体内缺乏各种营养物质，特别是蛋白质和糖时，则出现营养不良，整个机体能量和新陈代谢受到障碍，生殖系统发生机能性变化和其他变化造成不孕。

(2) 维生素A不足　维生素A不足时，能影响机体内蛋白质的合成，造成矿物质和其他代谢过程障碍，生长发育停滞，内分泌腺萎缩，激素分泌不足，子宫黏膜上皮变性，卵泡闭锁或形成囊肿，使母兔不能出现发情和排卵。

(3) 维生素B_1缺乏　维生素B_1缺乏时，可使子宫收缩机能减弱，卵细胞生成和排卵遭到破坏，长期不发情而造成不孕。

(4) 维生素E缺乏　维生素E不足时，可引起妊娠中断、死胎、弱胎或隐性流产（胚胎消失），长期缺乏则使卵巢和子宫黏膜发生变性，造成永久性不孕。

(5) 钙、磷等矿物质不足　钙、磷等矿物质不足时，可使各器官的机能再生障碍，其中繁殖机能障碍表现较早。所以钙、磷是保证兔健康、生长繁殖的不可缺少的营养物质。

(6) 过肥造成不孕　长期饲喂过多的蛋白质、脂肪和碳水化合物饲料，运动量减少，母兔过肥后使卵巢脂肪沉积，卵泡上皮变性而造成母兔不发情，从而不孕。

(7) 生殖器官疾患　阴道闭锁，子宫发育不全，缺少子宫角、子宫颈，如卵巢机能不全、卵巢炎、输卵管炎、子宫内膜炎、子宫蓄脓和阴道炎等。

(8) 公兔方面引起的母兔不孕 睾丸发育不良，精子生成迟缓，出现畸形精子，精子数量和精液量降低，精子活力差，性欲缺乏，交配困难等而造成母兔不孕。

［防治］

母兔不孕症防治措施：母兔不孕症的因素极为复杂，为了防治不孕症，首先查明原因，然后对症下药。

(1) 维生素A不足 维生素A在动物体内主要存在于肝脏中。植物中的胡萝卜素可在动物体内转化为维生素A，多供应些青草和质量好的干草、胡萝卜、南瓜等；喂给维生素A治疗，像浓缩鱼肝油或维生素A制剂，胶丸含2.5万单位，常用量1粒/（只·次）。

(2) 维生素E不足 一般每千克体重每天需维生素E 0.32～1.4毫克，母兔可在每千克饲料中加入16.7毫克维生素E；在饲料中加入一些植物油，像豆油、花生油等可以补充维生素E的不足；皮下或肌内注射维生素E 20～30毫克。在维生素E应用的同时，最好还应用亚硒酸钠，每千克体重0.2毫克。

(3) 维生素B_1不足 治疗维生素B_1不足是由于组织中缺乏硫胺素所致。硫胺素在新鲜蔬菜、米糠、麦麸、豆类、酵母中含量较多，因此，宜在饲料中适当搭配。治疗：口服硫胺素片，每次2片；针剂肌内注射，每天1次每次2毫升。核黄素片，每次2片，每天服2次。

(4) 子宫内膜炎 肌内注射雌二醇0.2～0.5毫克，或垂体后叶激素5～10单位；每天1次生理盐水冲洗。

(5) 子宫蓄脓 排出子宫积脓，先注射雌二醇0.2～0.5毫克，3～5天后再注射脑垂体后叶激素2～3单位，同时注射抗生素和用0.1%高锰酸钾溶液冲洗。

(6) 阴道炎 冲洗阴道，为使阴道内渗出物尽快排出，可用生理盐水、0.1%高锰酸钾、0.02%呋喃西林液冲洗阴道；药膏涂搽，在冲洗之后，可在阴道黏膜上涂擦碘甘油、磺胺软膏或青霉素药膏。

(7) 保持空怀母兔的适当肥度 空怀母兔应保持七八成膘，若过肥和过瘦都会影响发情和配种。对长期照射不到阳光的母兔应调换到光线充足的笼舍内，以促进机体的新陈代谢，对长期不发情的母兔可采用公兔诱导法和人工催情。对母兔的人工催情首先加强空怀母兔的饲养管理。空怀母兔是指仔兔断奶后至下次配种妊娠前一段时间的母兔。由于哺乳期大量消耗体内营养，身体比较弱。为了尽快恢复体力，保证正常发情、配种和妊娠，除了增加营养外，还可适当延长休情期。这时的母兔要以青绿饲料为主，适当补喂精料。在冬季和早春，可多喂胡萝卜和发芽饲料，以促进发情和配种。对于长期不发情的母兔，除了改善饲养条件外，可进行人工催情常用的人工催情方法有：

①激素催情　孕马血清促性腺激素一次肌内注射 50～80 单位；卵泡雌激素 50 单位，一次肌内注射；三合激素 0.75～1 毫升，一次肌内注射，一般 2～3 天发情配种。

②药物催情　每只兔每天喂维生素 E 1～2 丸，连续 3～5 日；淫羊藿，每天 5～10 克，均有较好的效果。

③挑逗催情　将母兔放入公兔笼内，让公兔追赶、啃舔、爬跨，1 小时后取走。约 4～6 小时后检查外阴，多有发情表现，否则再重复 1～2 次。

④机械催情　用手指按摩母兔外阴，或用手掌快节律轻拍外阴，并同时用手抚摸兔腰荐部，每次 5～10 分钟。4～6 小时后检查，多数发情。

⑤外激素催情　将母兔放到公兔的隔壁笼内（以铁笼最好），或放到养过公兔的笼内。公兔所释放的特殊气味（外激素），可刺激母兔发情。

⑥外涂催情　母兔外阴涂 2％医用碘酊可刺激母兔发情。

⑦断乳催情　一般母兔泌乳会抑制发情。对产仔少的母兔可合并仔兔，一兔泌乳，另一兔则在断乳后 7 天内发情。哺乳期超过 28 天的仔兔可提前断乳。

⑧营养催情　配种前 1～2 周，对体况较差的母兔增喂精料，多喂优质青饲料，可喂大麦芽、绿豆芽或胡萝卜等，或超倍增加维生素，添加含硒生长素等，或饮水中加入可弥散性复合维生素，催情效果良好。

110. 如何对母兔进行妊娠检查？

采用摸胎法。这种方法最准确、实用，兔场通常采用此法。早期妊娠检查的时间是配种后8～10天，如在配种后10～12天检查则更容易判断。隔着腹壁触摸到胚胎球为受孕。妊娠检查时一手抓住母兔的双耳及颈皮，使兔头朝向术者，另一手拇指与其余四指呈八字形张开，从腹侧伸入腹下，由前向后轻轻沿腹壁摸压触诊。如果母兔妊娠，胚胎似粪球大小的肉样感球状物，柔软而有弹性，摸时滑来滑去不易握住。如是粪球，粪球质硬，相互挤压，活动性小。未受孕的母兔腹腔内柔软如棉。母兔的妊娠检查最好在早晨饲喂前相对空腹状态时进行。检查时操作要小心谨慎，防止由于用力过大造成流产；要通过手的前后滑动用手指肚去感觉内容物的光滑度、弹性等，不能用手指去捏；同时还要注意胚胎与直肠内粪球的区别，因为粪球与8～10天的胚胎大小相近，不熟练者容易误诊，可以从形状、弹性、光滑度和位置等几个方面加以区别。初产胚泡靠后，经产胚泡靠腹下。注意区别子宫肌瘤，子宫肌瘤增长慢、不规则。

另外还有复配法、称重法、放射免疫诊断法。复配法和称重法准确性不高，放射免疫诊断法较为繁琐，一般不采用这三种方法。

111. 如何管理孕兔和分娩前后的兔？

母兔从受精至分娩的这段时间称为怀孕期，通常为30～31天。

(1) 加强营养　母兔妊娠期尤其是妊娠后期，应保证全面充足的营养物质，对胎儿的发育、母体的健康和产后泌乳能力等都有直接关系。妊娠前15天，母兔在代谢上与空怀期没有显著不同，以空怀母兔饲喂量的基础上适当提高营养水平即可。从第16天开始，应逐渐增加饲喂量，以自由采食精料为主，补充青饲料。在临产前3天应减少精饲料，多喂青饲料。在产前3天到产后3天，可以每天喂1片磺胺嘧啶片或复方新诺明片（SMZ），可预防母兔乳房炎、产道感染、仔兔黄尿病。

（2）做好护理工作，防止流产 不要无故捉妊娠母兔，如必须要捉，应小心，动作要轻微；保持兔舍安静，防止猫、狗、野生动物等进入而造成惊吓；严禁喂霉变饲料和有毒青草；冬季应喂温水；妊娠检查时手法正确、动作轻柔；毛用兔在妊娠期禁止剪毛。

（3）做好接产准备工作 产前3天，将消毒后的产仔箱放入母兔笼中，产仔箱中放入干净的垫料，如刨花、剪短的干草等，在垫料中撒少许硫黄粉，混匀。母兔产前3天要自动拉毛做窝，对少数不拉毛的母兔应人工辅助拉腹部的毛，利于刺激乳腺、暴露乳头，利于产后哺乳。产期应有专人值班，防止惊扰，冬季保温，夏季防暑，防野生动物如老鼠、蛇等。供给充足的饮水，在水中加入少许食盐和红糖。

（4）分娩后精心护理 分娩后，饲养员要及时检查，清理箱内污物、母兔吃剩下的胎盘、死胎等，清点仔兔只数，对不会哺乳的母兔应人工辅助哺乳。产后3天不要饲喂太多的精料，应逐渐增加精料喂量，补充青饲料，防止集乳，导致母兔乳房炎、仔兔黄尿病。

112. 母兔流产、死胎的病因有哪些？如何防治？

［原因］

（1）营养性死胎流产 主要是饲料搭配不当，过于单一，饲料营养价值不全，营养不良等。特别是蛋白质日粮不足时，导致形成胎儿的基本原料贫乏，胎儿发育受阻，甚至中断，造成死胎，极度缺乏时造成流产。

维生素和矿物质缺乏时，妊娠母体对生活环境的适应性及对疾病的抵抗力降低，也会引起死胎流产。维生素A缺乏时，对上皮组织机能失去促进作用，往往导致子宫黏膜和绒毛膜的上皮细胞角质化、脱落，使胎盘的机能缺乏“黏合性”，胎膜容易脱离，造成死胎。维生素E缺乏时，胚胎发育初期即死亡，被兔吸收，俗称“化仔”。妊娠后期缺乏维生素E时易早产。

矿物质钙、磷缺少或微量元素硒、碘、锌、铜、铁缺乏时，胎儿营养补给不足，引起胎儿发育中断或产弱胎和畸形胎。妊娠期饲料骤变，刺激胎儿营养吸收，也易引起死胎和流产。

（2）中毒性死胎流产　喂饲发霉、腐败、变质的饲料易引起母兔死胎流产。如饲喂过量的菜子饼、棉子饼（含棉酚），喂有黑穗病、锈病的饲料，喂饲苦、辣或酸度过高的饲料，喂饲农药污染的饲料，喂腐败的动物饲料，在饲料中长期或过量添加喹乙醇等，均能引起母兔中毒，造成消化系统紊乱，胎儿发育中断，直接刺激子宫而引起死胎和流产。

（3）机械性死胎流产　各种机械因素，如剧烈运动，捕捉方法不当，摸胎妊娠检查用力过大，产箱过高，洞门太小或笼舍狭小使腹部受挤压撞击等均可造成流产。音响、猎狗窜入受惊吓，有的母兔在产第一窝时高度神经质、母性差，也会造成死胎。兔咬架斗殴，拥挤、压、咬、撞、跳、跌时亦易引起流产死胎。

（4）疾病性死胎流产　妊娠母兔患流感、病毒性肠炎、乙脑病毒病、细小病毒病、沙门氏菌病、李氏杆菌病、妊娠毒血症、中暑、高热，生殖器官发育不全，子宫体如子宫颈过短、子宫颈松弛、子宫内膜炎及患寄生虫病，对患病的妊娠母兔投大量的泻剂、利尿剂、子宫收缩剂或一些烈性药等均会造成流产。病毒也会造成母兔流产、死胎。

（5）产程过长　当胎儿发育过大，妊娠期延长，母兔产仔困难，胎儿在产道内停留时间过长，产道压迫脐带，造成胎儿供氧不足而窒息死亡。这类病例多发生于怀胎数少和早期配种的初产母兔，占死胎总数的8%左右。

（6）遗传性疾病　由于某些致死或半致死基因的重合，使母兔在妊娠后期胎儿发育停止。规模较小、血缘关系较近的兔群出现此类病症的概率较大。

［**防治**］

（1）加强管理，防止应激和机械性损伤。使用标准化的兔笼和产仔箱，防止惊吓和其他应激反应。

（2）饲喂全价饲料和青饲料，防止钙、磷、硒、碘、维生素A和维生素E等缺乏。

（3）防止中毒。不喂发霉变质的饲料，不用菜子饼或棉子饼喂兔，不能在饲料中长期或过量添加喹乙醇，以防中毒。

（4）对细菌或病毒引起的流产、死胎，应早诊断，即时隔离、治疗或淘汰。

（5）发现有流产先兆的母兔，可肌内注射黄体酮15毫克保胎。

113. 母兔难产的病因有哪些？如何防治？

孕兔已到产期，拉毛做窝、子宫阵缩努责等分娩预兆明显，但不能产出仔兔。或产下部分仔兔后仍起卧不安，频频排尿，触摸腹部仍有胎儿，有时可见胎儿部分肢体露于阴门外。

［病因］家兔难产的原因主要有：产力不足、产道狭窄和胎儿异常。饲养管理不当，使母兔过肥或瘦弱，运动和光照不足等可使母兔产力不足。早配，骨盆发育不全，盆骨骨折，盆腔肿瘤等可造成产道狭窄而难产。胎势不正，或胎儿过大、过多、畸形、胎儿气肿以及两个胎儿同时进入产道，都可成为难产的原因。

［防治］应根据原因和性质，采取相应的助产措施。对产力不足者，可应用垂体后叶素或催产素，配合腹部按摩助产。配种后31天仍未产仔时，应检查母兔，如确认正常怀孕，应用垂体后叶素或催产素催产，以免难产。催产无效或因骨盆狭窄及胎头过大，胎位、胎向、胎势不正不能产出时，可消毒外阴部，产道内注入温肥皂水或润滑剂，矫正胎位、胎向、胎势后将仔兔拉出。拉出困难，或强拉会损伤产道时，可分割胎儿或作剖腹取胎。家兔剖腹产时，取仰卧或侧卧位保定，在耻骨前沿腹正中线，术部剃毛，用75％酒精或0.1％新洁尔灭液消毒，0.5％盐酸普鲁卡因液局部浸润麻醉，切开腹壁，取出子宫，并用大纱布围裹，与腹壁隔离，切开子宫取出胎儿及胎衣，清洗消毒、缝合、还纳子宫，常规方法缝合腹膜、腹肌及皮肤。术后应用抗生素注射3～5日。

114. 母兔产后瘫痪的病因和症状有哪些？如何防治？

母兔产后瘫痪多发生于产后2～5天，且产仔率较高的母兔和饲养管理条件较差的兔场多发本病。

［**病因**］母兔营养不良，致使产后血糖、血钙浓度降低和血压下降，母兔产后受雨水淋湿和冷风侵袭等不良因素的影响，使肌肉、神经等机能失调均可诱发本病。

［**临床症状**］患兔精神萎靡，食欲下降，消瘦。初期粪便少而干硬，继而停止排粪、排尿，泌乳量减少以至于停止。发病初期两后肢之一或两肢同时发生跛行，行走困难，不愿活动。后期严重时后肢麻痹，行走靠两前肢爬动以拖动后肢。

［**预防**］本病应以预防为主，同时加强饲养管理，保持兔舍干燥、通风，避免潮湿，并做到定期消毒。要喂给怀孕母兔易于消化和营养丰富的饲料，并保证饲料中含有充足的钙、磷和维生素等营养物质。保证母兔适度运动，增强体质，使怀孕母兔保持良好的体况。

［**治疗**］发病时，应立即采用补充糖、钙和恢复肌肉、神经机能等措施。用10%葡萄糖酸钙5～10毫升、50%葡萄糖10～20毫升，混合1次静脉注射，每天1次，连用5天；也可用10%氯化钙5～10毫升与葡萄糖静脉注射。50%葡萄糖20毫升、生理盐水30毫升、维生素C注射液2毫升、维生素B_2注射液2毫升混合1次静脉注射，每天1次，连用5天。有食欲者饲料中添加糖钙片1片，每天2次，连用3～6天。或口服鱼肝油丸，每次1粒，每天2次；肌内注射维生素B_6，每次0.2毫升，口服复合维生素B片，每次0.25克，每天1次，连用3～5天；当归3克，川芎3克，鸡血藤6克，煎水灌服，每天1次，连用3～5天，以恢复和促进神经机能。对有便秘症状的病兔，可采取灌服硫酸钠5克，加水50～80毫升，或直肠灌注植物油、肥皂水，以润肠通便、清除积粪。同时，调整日粮鱼粉、骨粉和维生素D的含量。还可用松节油涂搽病兔患肢，达到促进血液循环、驱除风寒湿气的功效。

115. 怎样防治母兔产后食仔癖？

针对不同的病因采用不同的预防和治疗方法：

（1）饲料营养不全　大多由于饲料中缺乏维生素和矿物质。措施：给予母兔的饲料（尤其是在繁殖期内）营养必须全面，富含蛋白质、矿物质和维生素，并经常供给青绿多汁饲料，使之营养更加完善。

（2）缺水　母兔产仔后由于羊水流失，胎儿排出，感觉腹中空、口中渴，往往产完仔后跳出产箱找水喝，若无水喝，则有可能食仔。措施：母兔分娩前要供足洁净饮水，分娩后最好供给10%葡萄糖生理盐水溶液，同时供给鲜嫩多汁饲料。

（3）惊吓　母兔产仔期间或产后，突然的噪声或兽类闯入等，使其受到惊吓而在产箱里跳来跳去，用后躯踏死仔兔或将仔兔吃掉。措施：保持周围环境安静，防止犬、猫等动物闯入。

（4）异味刺激　产仔箱或垫料有异味，母兔生疑，误将仔兔吃掉。措施：母兔分娩前4天左右将产箱洗净消毒，放在阳光下晒干，然后铺上干净垫草，放在兔舍内适当的位置。另外，母兔产仔后不要用带有异味的手或用具触摸仔兔。

（5）寄仔不当　寄仔时间太晚或两窝仔兔气味不投，被母兔识别出来而咬死或吃掉寄养仔兔。措施：仔兔寄养时间以不超过3日龄为宜，寄养仔兔放入产箱1小时后再让母兔哺乳，也可在母兔的鼻部涂上风油精、牙膏等，让母兔不能辨味，或者用母兔的尿液涂在仔兔体表。

（6）产后缺乳　仔兔在奶不够吃时相互争抢乳头，甚至咬伤母兔乳头，而母兔则由于疼痛拒哺或咬食仔兔。措施：给母兔加强营养，多喂多汁饲料，产仔多者可将仔兔部分或全部寄养。

（7）食仔癖　母兔产仔后将死仔或弱仔当做胎盘吃掉，此后便形成食仔的恶癖。措施：产仔时要人工监护或人工催产，产仔后将产箱单独放在安全处，每天定时给仔兔喂奶。

116. 母兔产后缺乳或无乳的病因有哪些？如何防治？

［病因］主要是母兔在怀孕期和哺乳期饲喂不当和饲料营养不全价所造成。母兔患有某些寄生虫病、热性传染病、乳房疾病、内分泌失调以及其他慢性消耗性疾病，过早交配，乳房发育不全，或年龄过大，乳腺萎缩，也可造成缺乳和无乳。有些与遗传因素有关。

［**预防**］首先应改善饲养管理，喂给母兔全价饲料，增加精料和青绿饲料。防止早配，淘汰过老母兔，选育饲养母性好，泌乳足的品种。将黄豆炒熟，用清水泡胀，每次喂料时加少许于饲料中。或给母兔灌喂小米粥或豆浆。

［**治疗**］

（1）常规药物疗法　内服人用催乳灵1片，每天1次，连用3～5天。试用激素治疗：用垂体后叶素10单位，皮下或肌内注射。

（2）中药疗法　选用催乳和开胃健脾的中草药。

王不留行30克，天花粉30克，漏芦20克，僵蚕15克，水煮后分数次调拌在饲料中喂给。

（3）配合乳房按摩　分表层按摩和深层按摩两种。

①表层按摩的方法是在每排乳房两侧前后反复按摩，所产生的刺激通过交感神经引起垂体前叶分泌促卵泡素，促使母兔发情。

②深层按摩的方法是在每个乳房周围用5个手指捏摩（不捏乳头），所产生的刺激通过副交感神经引起垂体前叶分泌促黄体素，从而促使滤泡排卵。

具体时间安排如下：每天早晨饲喂后，表层按摩10分钟，发现母兔发情后，改为表层按摩5分钟和深层按摩5分钟，要交配的当天早晨，全部改为深层按摩10分钟。

117. 新生仔兔死亡的原因有哪些？如何防治？

仔兔出生后，生活环境发生了骤变，外界环境与母体子宫内环境差异很大，幼兔体温调节机能还不完善，适应能力弱，抵抗力低，容易死亡。引起新生兔死亡的原因很多，主要是母兔拒绝哺乳、仔兔饥饿、仔兔受冷等。

（1）仔兔饿死　母兔拒绝哺乳常见于初产母兔，其神经过敏，不安，不愿哺乳，使仔兔部分或全部饿死；部分母兔母性差，或受外界惊扰而拒绝哺乳；有的母兔患乳房炎、子宫炎、呼吸道病、肠炎、寄生虫病等，泌乳量少，或乳房、乳头疼痛而拒绝哺乳；母兔产仔过多，泌乳量不足；弱残仔兔吃不到乳；仔兔口腔先天畸形而不能吮乳。饿死的仔兔，尸体消瘦、脱水，胃内空虚，或仅有少量乳块。

(2) 仔兔冷死 兔舍温度太低，产箱垫料不足或保暖性差；兔舍有穿堂风或贼风。冷死的仔兔，胃内有乳块，尸体不脱水，肺部充血。

(3) 仔兔病死 常见于肠炎、肺炎、弱仔或某些传染病。病死的仔兔，组织器官有充血、出血、淤血、坏死等病变。

［防治］

(1) 加强对孕兔和哺乳母兔的饲养管理，保证充足的营养，使母兔分泌足够的乳汁。

(2) 预防和及时治疗母兔的乳房炎、子宫炎等疾病，保证母兔健康。

(3) 选择母性好的母兔，对拒绝哺乳的母兔所生的仔兔或弱仔，实行人工哺乳，每天1次，并使母兔适应自行哺乳。

(4) 母兔产后无乳，或患乳房炎等不便哺乳，以及产仔过多或弱仔时，可实行人工哺乳或寄养。人工哺乳以牛乳为基础，每千克牛乳第一周加38克乳酸钙，第二周加42克乳酸钙，第三周加50克乳酸钙。喂前温热至38～40℃，每天喂1次。

(5) 注意兔舍和窝箱保温。兔舍夜间温度在10℃以上，将窝箱放到保温的小房间内，窝箱放足够、清洁、保暖性好的垫料。冻僵的仔兔应放在37℃的温箱内，或全身浸泡在37℃的水浴内，待其恢复后擦干，放回窝箱内。

(6) 及时治疗新生仔兔的原发病。

118. 如何防治母兔乳房炎与仔兔黄尿病？

母兔乳房炎是养兔场的常见病和多发病，严重影响养兔业的发展，使养兔场遭受很大的经济损失，轻者导致仔兔黄尿病，仔兔生长发育受阻；严重的导致种母兔丧失种用价值甚至死亡。因此，做好母兔乳房炎的预防工作至关重要。只要在平时的饲养管理中加强管理，完全可以大大减少或杜绝乳房炎的发生，进而避免仔兔黄尿病的发生。

［预防］

（1）精心饲养母兔　怀孕母兔对营养物质的需求量相当于平时的1.5倍。母兔此时得到全价的营养，才能保证母体健康，泌乳力强，因此，在母兔怀孕的中后期要供给充足优质青绿饲料及豆饼、花生饼、鱼粉、麸皮、玉米、骨粉等含蛋白质、矿物质、维生素丰富的全价饲料。直到临产前3天，才减少全价料饲喂量，同时适量喂给青饲料。哺乳母兔每天可泌乳60～150毫升，高产母兔可达150～250毫升，甚至300毫升，哺乳母兔为了维持生命活动和分泌乳汁，每天都要消耗大量的营养物质，而这些营养物质，又必须从饲料中获得，此时，除喂给富含蛋白质、维生素、矿物质的全价饲料、青绿多汁饲料外（一般采取夜晚自由采食），还必须供给充足清洁的饮水。另外，产后3天，要适当减少全价饲料和青绿多汁饲料，防止产后最初几天泌乳过多，被仔兔吸吮后还有剩余，而造成乳汁在乳房内蓄积，葡萄球菌趁机感染，同时极大地减少母兔产后不食病的发生。

（2）选用体成熟的健康母兔配种　家兔的性成熟比体成熟早，身体健康的家兔4月龄就有发情表现，但此时交配受孕，不但影响母兔体型、体质、发育及仔兔的初生重，而且产后大多缺乳，易患乳房炎。故应选择6月龄以上、体重3千克以上（小体型的可适当提前0.5～1个月）的健康母兔配种繁殖。

（3）加强管理　保持兔笼、产箱、笼底板和运动场的清洁卫生，定期消毒。清除兔笼、笼底板、产箱及环境中的尖锐杂物，保持笼底板的光滑且无毛刺，防止损伤乳房及附近皮肤。

（4）及时调整寄养仔兔，适时断乳　母兔产仔后，要根据仔兔数目多少和泌乳量，及时调整母兔所哺喂的仔兔数，并养成定时哺乳的习惯。随着仔兔的生长发育，母兔的泌乳量不能满足仔兔的需要。皮、肉用兔到16日龄，毛用兔到18日龄，就应开始补喂优质、易消化的全价饲料，到30日龄转为以饲料为主、母乳为辅，到35～40日龄左右时，再适时断乳。

（5）定期预防　母兔在产前和产后3天用复方新诺明片（人用），每兔每天一片，或青霉素50万单位，一天2次。

［治疗］发病后乳腺膨胀、发红，触摸出现疼痛性的敏感反应。

体温往往上升到40℃以上，常伏卧不动，精神无力。因乳房疼痛，大多数发病母兔拒绝仔兔吮乳，造成乳腺进一步肿胀发硬，如病情继续发展，患部皮肤表面呈蓝紫色，一旦延误治疗，极易继发全身败血症而死亡，或造成乳房坏死引起母兔终生性泌乳机能障碍。

家兔乳房炎大致可分为普通型乳房炎、乳腺炎和败血型乳房炎3种类型，其防治方法分别是：

（1）普通型乳房炎 乳房出现红肿，乳头发黑发干，皮肤有热感，轻者仍能给仔兔喂乳，但哺乳时间较短。防治方法：初期应将乳汁挤出，用温水将乳房、乳头洗净，可采用药物封闭疗法，每个乳头可用青霉素80万单位、链霉素160万单位、0.5%普鲁卡因8毫升进行封闭治疗。具体方法是：先将青霉素、链霉素溶解于普鲁卡因中，然后固定患病母兔，局部消毒后，以45°角将针头刺入乳房基部，边注射边退针，围绕乳头分4点注射，形成一环形封闭。

（2）乳腺炎 乳腺炎是细菌侵入乳腺所致，初期乳房皮肤正常，不久，可在乳房周围皮肤下摸到山楂大小的硬块；后期乳房皮肤发黑，形成脓肿，最后脓肿破裂，脓液流出。防治方法：初期可局部冷敷；中后期可用热毛巾热敷，也可用80万单位的青霉素，分两次做肌内注射，每天早、晚各一次，连续注射3天，病症即消失，痊愈。

（3）败血型乳房炎 初期，乳房红肿，而后期呈现紫红发黑，并迅速延伸到整个腹部；病兔精神沉郁，体温升高，不食也不活动，一般发病4～6天内死亡，是家兔乳房炎中病症最严重、死亡率最高的一种。防治方法：可局部注射青霉素80万单位、地塞米松1毫升封闭，用鱼石脂软膏涂抹。严重时可切开脓包，排出脓血。对切口要用消毒纱布擦净，并撒上消炎粉，预防感染。全身治疗可注射抗生素或口服磺胺类药物。

119. 家兔妊娠毒血症有哪些原因？如何防治？

兔妊娠毒血症是母兔妊娠后期较普遍的一种糖和脂肪代谢障碍的营养代谢性疾病，致死率很高。妊娠、产后及假妊娠的母兔都可发生，以肥胖经产母兔发病最为常见。

［**病因**］多胎妊娠母兔在妊娠后期，胎儿生长过快，代谢旺盛，母体葡萄糖消耗比非妊娠兔高得多。如果饲料中的碳水化合物不足，则母兔体内碳水化合物和生糖物质不足，垂体等内分泌器官机能失调，血糖浓度低于临界水平。这将导致妊娠母兔营养失调，糖和脂肪代谢紊乱，组织中酮体如丙酮、乙酰乙酸、丁酸等的浓度增高，进而发生酮血症、酮尿症和酸中毒，严重者出现脂肪肝。

气候剧变、疼痛、长途运输禁饲、饲料突变等，也常使血糖降低引起本病。另外，母兔过度肥胖、生殖机能障碍、子宫肿瘤、环境的变化等，可导致内分泌机能失调，诱发本病。

［**预防**］为了预防本病的发生，在妊娠后期应供给母兔富含蛋白质和碳水化合物的饲料，尽量避免饲料的突然变换和其他因素的刺激。在饲料或饮水中预防性应用葡萄糖能防止酮血症的发生。

［**治疗**］对孕兔静脉注射25%～30%葡萄糖注射液20毫升，出现症状的病兔视病情给予维生素C、维生素B_1、维生素B_2或复合维生素B。重症病兔使用可的松类药物，每次1～5毫克，调节内分泌机能，同时根据病情给予适当的镇痛、强心。促使本病好转，必要时采用手术疗法，取出胚胎，保证母兔安全。

120. 妊娠母兔的肠炎怎么预防?

除加强饲养管理外，可用药物进行预防。妊娠15天以上至产前的母兔，每3～5天口服抗生素1次，药物可选复方新诺明、复方敌菌净、磺胺脒，严格按说明用量。

121. 母兔冬天发情少，怎么处理?

［**原因**］

（1）冬季母兔缺乏光照和青绿饲料，饲料中缺乏维生素A、维生素E。饲料营养失衡会造成母兔膘情不稳，过肥或过瘦均影响母兔正常发情。

（2）饲喂发霉变质的花生、玉米、谷物等可导致家兔中毒而影响正常发情。

(3) 冬季气温较低，发情周期不规律，当兔舍内的温度低于5℃时，会使种兔性欲减退，可导致母兔不发情或发情不正常，影响繁殖。

(4) 母兔繁殖过于频繁，胎次过多，母兔负担过重，得不到充分休息，再加上营养跟不上，会影响母兔发情。

(5) 母兔患有体内、外寄生虫病、慢性传染病、消化系统及生殖系统疾病等，均能导致母兔不发情或因体质虚弱、消瘦而不发情。

[防治措施]

(1) 平时应注意饲养管理和营养 饲料营养要均衡，使母兔保持中等膘情。对于过肥的母兔应适当减少谷物饲料的喂量，同时多加强运动，以控制母兔的膘情；对过瘦的母兔需要加料增膘，添加食糖、葡萄糖或奶粉，改善饲料的质量，空怀期母兔要配以优质的青饲料，并适当喂给精料，使它能正常发情排卵，以便适时配种受胎。冬季暖和时要在室外进行日光浴，多喂些胡萝卜、甘蓝叶、南瓜等含维生素A丰富的青绿多汁饲料。用棉籽饼作饲料时，需要预先进行脱毒处理并严格限制饲喂量；豆类要经过煮熟或炒熟处理。

(2) 公母比例要合理调整 为了获得较好的繁殖率，通常情况下，种兔的公母比例应由春秋季节的1∶(8～10)调整到1∶(4～5)，每天每只公兔的配种不超过2次，连续配种2天休息1天，同时做好配种登记。

(3) 母兔的繁殖窝数要适当 在冬季每只母兔应隔月产仔一窝，不能过频，如繁殖胎次过多，母兔负担过重，得不到充足的休息，再加上饲养管理跟不上，仔兔难以成活，也会影响母兔的使用年限。掌握母兔发情规律，适时配种，健康成年母兔在正常气温下，每月发情2次，每次持续2～3天，为了提高母兔冬季的受胎率，可采用重复配种，即在第一次交配后5～6小时，再用同一只公兔交配一次，如果条件具备，也可采用人工授精技术，可使受胎率达到80%～90%。

(4) 增加防寒保暖设备，提高舍内温度 舍内温度应控制在10℃以上，最低不能低于5℃。

（5）控制疾病的发生　若母兔发病，首先要积极的治疗，把母兔的病治好，然后再精心饲养管理，使母兔早日康复，待自然发情或人工催情后，进行适时的配种。

第五章　兔中毒病、维生素和微量元素缺乏等疾病

122. 家兔常见的中毒病有哪些？

家兔中毒的原因大多由于用药不当或误食有毒植物和变质霉变饲料而引起的。常见的有：

（1）有机磷中毒　家兔多因误食了含有农药污染的饲草、饲料或由于消毒驱虫剂量浓度和方法不当而引起的。其中毒症状表现为流泪、流涎、腹痛、腹泻、兴奋不安、抽搐、痉挛、瞳孔缩小、呼吸急促、心跳加快等，死亡率高。

（2）有毒植物中毒　一般家兔有鉴别有毒植物的能力，但当青草缺乏、饥饿或有毒植物和普通饲草混在一起时，就易误食发生中毒。常见的有毒植物为车前子、牵牛花、断肠草、马尾莲、灰菜、青芹、野山茄子、山槐子、白头翁、苍耳、回回蒜、半夏、夹竹桃、高粱叶、玉米苗、马铃薯秧和芽、蓖麻叶、烟叶、棉花叶、椿树叶、柳叶、菠菜等。中毒症状表现为呕吐、流涎、腹痛、腹泻、知觉消失或麻痹、呼吸困难等。

（3）药物中毒　如马杜拉霉素中毒。马杜拉霉素是一种聚醚类离子载体抗生素，主要用于预防兔的球虫病。其毒性大，在剂量上，只需0.000 5%浓度，在使用时必须充分拌匀，且不能随意加量，否则会引起中毒。表现为发病急，死亡快，慢性者出现减食，精神沉郁、流涎、伏卧、昏睡、运动失调等。

（4）霉菌毒素中毒　在各种饲料，特别是玉米、花生、豆饼、草粉、菜粕、鱼粉、棉子饼、大麦、小麦等因受潮受热而发霉变质后，霉菌大量繁殖，特别是黄曲霉毒素，兔食后引起中毒。表现为精神沉

郁、减食或不食，口流涎，便先干后稀且带血液，口唇皮肤发绀，可视黏膜黄染，随后出现四肢无力，软瘫，全身麻痹而死。

（5）食盐中毒　食盐中毒初期减食，精神沉郁，结膜潮红，下痢，口渴，兴奋不安，头部震颤，步履蹒跚，重者癫痫状痉挛，口吐白沫，呼吸困难，最后昏迷死亡。

123. 兔有机磷中毒的症状有哪些？怎样防治？

家兔多因误食了被有机磷农药污染的饲草、饲料或喂食了刚喷撒过有机磷农药的田间杂草、牧草、农作物及蔬菜，或误食了拌施过有机磷农药的谷物种子，造成中毒。也有的是在使用敌百虫等有机磷药物治疗体内、外寄生虫时，剂量、浓度和方法不当。

［**症状**］主要表现为食欲不振、流涎、呕吐、腹痛、腹泻、尿失禁、兴奋不安、全身肌肉震颤、抽搐及血压上升、心跳加快、呼吸困难、可视黏膜苍白、瞳孔缩小等症状，最后常昏迷死亡。

［**防治**］要加强对农药的专人管理；禁用刚喷撒过有机磷农药或尚有残留的各种新鲜植物和拌有有机磷农药的谷物种子饲喂家兔；在使用有机磷药物驱除家兔体内、外寄生虫时，要专人负责，正确使用，注意观察。

当发现中毒症后，应尽快查明原因，解除毒源。可迅速皮下或静脉缓慢注射特效解毒药，解磷定，每千克体重 15 毫克，每天 2～3 次，连用 2～3 天。为缓解症状，应尽快使用颉颃药物阿托品，每次每兔 1～5 毫克，1～2 小时 1 次，直至症状缓解为止。同时采用灌服活性炭等相应辅助治疗措施。

124. 兔饼类饲料中毒的原因和症状有哪些？怎样防治？

饼类饲料有花生饼、豆饼、菜子饼、棉子饼等，最常见的是菜子饼和棉子饼中毒，以及饼类保管、加工不当发生霉变引起的霉饲料中毒。

（1）病因　菜子饼和棉子饼都是较好的植物蛋白类饲料，但菜子饼中含有芥子甙，棉子饼中含有棉酚，芥子甙和棉酚的毒力很强。这两种饲料不做处理，或处理不当，或长期或大量饲喂，都易引起中毒。

(2) 症状及病变 棉子饼中毒时，主要引起孕兔死胎。死亡胎儿发育正常，但四肢及腹部呈青褐色。成年兔病初精神沉郁，食欲减退，有轻度震颤，四肢无力，行走不稳。继而病兔食欲废绝，先便秘后下痢，粪中常混有黏液或血液，日渐消瘦，体温正常或略升高，呼吸迫促，鼻孔流浆液性鼻液，尿频，尿液呈黄红色，眼结膜暗红色，有黏稠分泌物，皮肤发紫。肺充血、水肿，气管及支气管内充满大量血样泡沫，黏膜有出血点。胃肠呈出血性炎症变化。肾脏肿大、水肿，皮质有出血点。皮肤发紫，并有紫红斑疹。血液呈紫黑色，不易凝固。胸腔有红黄色液体，其他脏器有不同程度的充血、出血。实验室检查可见，尿蛋白呈阳性，尿有沉渣。

菜子饼中毒时，患兔食欲减退或废绝，精神萎靡，站立不稳，尿频，有时排血尿。呼吸急促，口鼻发紫，口鼻及四肢末梢发凉，鼻孔流出血色泡沫。病死兔肠黏膜充血、出血，心内外膜出血，肾出血，发生肺气肿或肺水肿，肝肿大。

(3) 防治

①预防棉子饼中毒：一是限制喂量，成年兔每天不超过 50 克，采用喂 15 天停 15 天的间歇饲喂法。孕兔和幼兔不喂。二是采用脱毒处理，高温蒸煮或炒 4～6 小时；或将棉子饼粉碎，用 2%的石灰水或 2.5%的苏打水浸泡 24 小时，然后用清水冲洗2～3 次；或用0.1～0.2%硫酸亚铁溶液浸泡，或在含有棉子饼的日粮中添加硫酸亚铁；或用 10%大麦粉煮后去毒。三是增加日粮中蛋白质、维生素、矿物质和青绿饲料，可减轻和预防棉子饼中毒。棉子饼中毒尚无特效疗法，主要是消除致病因素、加强毒物排除及对症疗法。首先是停喂棉子饼，再用 1∶3 000～1∶4 000倍的高锰酸钾溶液或 5%的小苏打溶液，或双氧水洗胃，破坏毒物，加速排除。根据病情可结合轻泻、消炎、收敛、强心、补液等对症疗法。对中毒病兔可静脉注射 10%葡萄糖溶液和维生素 C 有一定疗效。

②预防菜子饼中毒：应在测定当地菜子饼毒性的基础上，掌握安全喂量；孕兔和幼兔不喂；或用去毒法处理后喂兔，如将菜子饼与水

等量拌匀泡软后埋坑2个月；或将菜子饼与40℃左右温水按1∶4的比例发酵24小时，滤水，加清水和碱中和至pH 7～8不再下降即可；或用蒸煮、堆放发酵等脱毒法处理。对中毒病兔可静脉注射10%葡萄糖溶液和维生素C有一定疗效。

125. 兔食盐中毒的症状有哪些？怎样防治？

食盐是维持兔正常生理活动所必需的常量矿物质元素，适量的食盐可以增食欲，助消化，但饲喂过多可引起中毒，甚至死亡。食盐中毒的原因有几种：饲料配方中计算错误或生产操作中投料错误，造成添加量过大；市售一些饲料原料如鱼粉等本身含盐，饲料中还添加食盐；食盐颗粒过大或搅拌不均。

[症状] 病初食欲减退，精神沉郁，结膜潮红，下痢，口渴，继而出现兴奋不安，走路不稳，严重者呼吸困难，口吐白沫，最后卧地不起而死。

[预防] 日粮中的含盐量不应超过0.5%，平时要供应充足的饮水。

[治疗] 停喂原有饲料，改喂易消化的饲料，供给清洁饮水或3%的糖水，内服油类泻剂5～10毫升。

126. 兔霉饲料中毒有何症状和剖检病变？怎样防治？

本病是家兔采食了霉败的饲料而引起的急性或慢性中毒病，常见的有黄曲霉毒素、赤霉菌毒素、甘薯黑斑霉菌毒素、白霉菌毒素、棕霉菌毒素等，临床上难以区分是何种毒素中毒，常是多种毒素综合作用的结果。

黄曲霉毒素中毒的原因主要是饲料保管不当，在温度和湿度适宜时，黄曲霉大量繁殖而产生毒素，家兔吃了这种霉变的饲料而引起中毒。急性中毒时，病兔表现为精神沉郁、食欲骤减，消化紊乱，便秘，继而拉稀，粪便带黏液或血液，口唇皮肤发绀，可视黏膜黄染，流涎，随后出现四肢无力，软瘫，全身麻痹而死。孕兔流产。肝质脆、肿大、颜色变淡呈黄白色，表面有出血、坏死点，胆囊扩张，胃、小肠、肺充血、出血、肾稍肿大，呈苍白色。慢性病例表现为食欲减退，消瘦，肝脏呈淡黄色，见图5-1、图5-2。

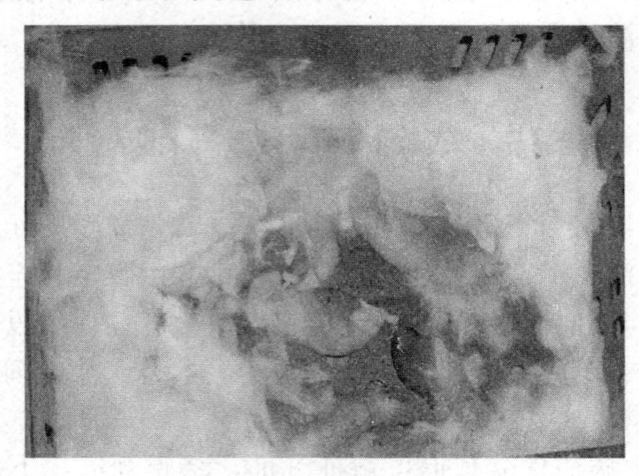

图5-1　兔霉饲料中毒
流产、死胎。

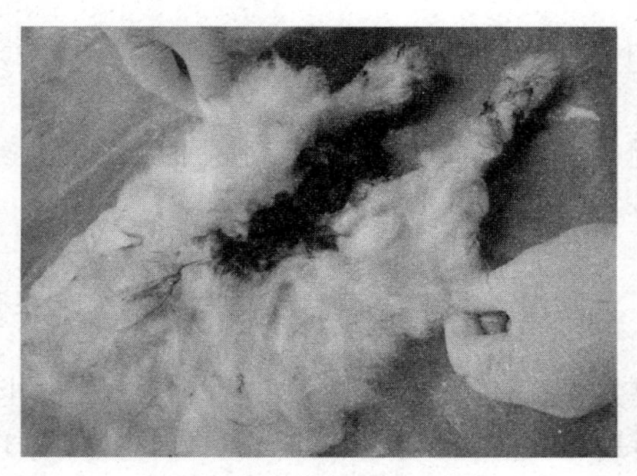

图5-2　兔霉饲料中毒
排黑色粪便。

甘薯黑斑病主要是家兔采食患有黑斑霉菌病的霉烂甘薯或其加工副产品（酒糟、淀粉渣等）制作的饲料而引起的中毒，极易死亡。临床表现为食欲减退，高度呼吸困难，体温正常。死前体温下降1～1.5℃，可视黏膜呈青紫色，四肢强直痉挛，呈明显的神经症状。病理剖检可见皮下轻度气肿，肺气肿，胃底部黏膜弥漫性出血，胃黏膜

脱落。

赤霉菌病是家兔采食含有赤霉菌毒素的饲料而引起的一种中毒性疾病。赤霉菌在饲料中繁殖时可产生具有致吐作用的赤霉素和具有雌激素作用的赤霉烯酮，两种毒素都可引起家兔发病。患兔食欲减少，体温无明显变化，消瘦、贫血，可视黏膜呈紫色，被毛易脱落。初期粪便带有黏液，后期腹泻并呈酱色。肝肿大、出血、变硬，呈淡黄色。胃内容物较多，胃黏膜出血、溃疡、脱落。肠黏膜出血，脂肪发黄。

［**防治**］妥善保管饲料，禁用霉败饲料。发病后立即停用以前的饲料，换喂新鲜的饲料。给予充足的饮水，在饮水中加入葡萄糖、电解质及多种维生素。

病重的兔，一是用0.1%高锰酸钾溶液或碳酸氢钠溶液50～100毫升洗胃、灌肠。二是用5%的葡萄糖生理盐水30毫升和维生素C 2毫升静脉注射，每天1～2次，连用3～5天。三是用氯化胆碱20毫克、维生素C 2毫升、维生素B_1 25毫升一次口服。也可用大蒜汁2克灌服，每天2次。

127. 哪些药物容易导致兔中毒？

绝大多数药物在使用不当或过量时都易导致中毒。家兔常见的药物中毒有：

（1）土霉素中毒 临床上土霉素用量过大或长期在饲料中添加使用都易造成中毒。主要特征是腹泻、排黏液状或水样粪便。

（2）磺胺二甲基嘧啶中毒 过量或长期服用磺胺二甲基嘧啶造成的，以贫血和组织器官广泛性出血为特征。

（3）马杜霉素中毒 马杜霉素毒性强，对小动物安全范围小，兔特别敏感，用马杜霉素防治兔球虫病要特别小心。中毒主要表现为伏卧、嗜睡，站立不起，共济失调，似酒醉状，体温正常或偏低，很快死亡。

（4）鱼肝油中毒 由于过量食入鱼肝油造成维生素A、维生素D中毒。临床上以畸胎和幼仔存活率急剧下降为主要特征。

（5）敌百虫中毒 在治疗兔螨病时使用不当。体表大面积用药或药浴，或先用肥皂水洗患部再涂搽敌百虫，或敌百虫溶液的浓度过大（正常的是1%～2%），都容易导致兔急性中毒。

128. 兔马杜霉素中毒的症状是什么？如何防治？

马杜霉素是聚醚类载体抗生素的新成员，其毒性较大，安全范围窄，剂量稍大即引起中毒，国家推荐添加浓度为每千克饲料5毫克。

［临床症状］ 兔一般于吃料后8小时发病死亡，最迟在第3天发病死亡，兔死亡率约在20%以上。病兔开始精神沉郁，个别兔饮欲增强，以后饮欲、食欲废绝，气喘，头斜向一侧，颈部软弱无力，反应迟钝，行走不稳，陷入瘫痪和昏睡。

［病理变化］ 肝脏肿大，质地脆，有的可见坏死灶；肾脏肿大，皮质出血；脾肿大；胃黏膜脱落、出血；肠道广泛出血；心肌松软；肺瘀血、水肿，有的可见出血斑；气管黏膜出血，气管和支气管内有大量分泌物。

［防治措施］ 准确计算用药剂量，拌料一定要混匀。兔发病后，应喂复合维生素B；饮水中加3%～5%的葡萄糖，或加口服补液盐；静脉注射10%维生素C注射液，每次0.5毫升，与5%葡萄糖溶液同时应用。

129. 如何预防兔重金属中毒？

（1）对兔场的饮水进行检测 兔重金属中毒可通过饮水引起。根据兔场的条件，水源各不相同，有自来水、山泉水、池塘或水库的水、井水、河水等，这些水源所含的元素都不同，必须进行检测，符合饮用标准的才能用作兔场的饮水。

（2）对兔饲料的原材料进行检测 兔饲料的原材料来源十分重要，尤其是一些矿物质原料中重金属含量严重超标，兔食后容易中毒。对检测到饲料的原料中重金属含量超标的严禁使用，可以预防兔的重金属中毒。

130. 兔的微量元素缺乏症有哪些？怎样防治？

（1）钙、磷缺乏症　饲料中钙、磷缺乏，或钙、磷比例不当，临床上主要表现为软骨症、母兔产后瘫痪、或髋关节变形而造成难产、仔兔死亡率增高。应在饲料中补充钙、磷，钙、磷比例为1.5∶1。多喂富含钙、磷的饲料，如豆科秸秆、麦麸等。

（2）镁缺乏症　兔对镁缺乏较敏感，临床上表现为感觉过敏，精神兴奋，肌肉强直或痉挛。可在日粮中适当添加镁制剂。家兔对镁的最小需要量为0.03%，日粮中含0.35%～0.5%的镁，可适应各种生理需要。发病家兔可用10%硫酸镁5～10毫升多点皮下注射。

（3）铜缺乏症　铜缺乏症是家兔体内铜含量不足或缺乏所致的一种慢性营养性疾病。以贫血、脱毛、被毛褪色和骨骼异常为特征。在饲料搭配时，每千克饲料中铜的含量应达到40～60毫克。但饲料中钼的含量不能过高，钼会妨碍铜的吸收和利用，铜和钼的比例应为6∶1～10∶1，小于2∶1即可引起钼中毒而继发铜缺乏。在饲料中最好添加市售微量元素复合剂，不要将硫酸铜加入饲料中，因其不均匀分布，可腐蚀消化道。

（4）锰缺乏症　锰缺乏症是由于日粮中锰供给不足而导致的，以生长停滞、骨骼畸形、生殖机能障碍、新生仔兔运动失调为特征。锰的来源主要是植物性饲料，动物性饲料锰的含量极低。日粮中锰的含量低于2.5毫克/千克即可引起家兔发生锰缺乏症。饲料中钙、磷、铁、钴等元素均可影响锰的吸收和利用而诱发本病。在日常饲养管理中，应供给含锰丰富的青绿饲料，日粮中锰的含量应保证30～50毫克，可有效地防止本病的发生。病兔每公斤日粮中添加硫酸锰70毫克，连喂15天，或用1∶3 000的高锰酸钾溶液饮水，均有明显的治疗效果。

（5）锌缺乏症　锌缺乏症是由于饲料中锌含量不足导致。以体重降低、生长缓慢、脱毛、皮炎、繁殖障碍为特征。高蛋白性饲料中锌含量较多，奶类次之，蔬菜通常含量不多。兔难以消化吸收大豆中的锌。日粮中锌低于50毫克/千克，即不能满足家兔的营养需要，可引起发病。饲料中钙、铜、镉、锰等微量元素均可干扰饲料中锌的吸收，植酸盐、纤维素等物质过多，也可影响家兔对锌的吸收而发病。通常每千克饲料含 50 毫克锌可满足家兔生理需要，妊娠和哺乳母兔每千克饲料需要 70 毫克。饲料中钙、锌比例为 100：1 比较合适。家兔发生锌缺乏病时，在日粮中添加锌盐（硫酸锌、碳酸锌）每千克日粮中加入 100 毫克，连喂 15 天；或按每千克体重肌内注射硫酸锌2～3 毫克，连用 10 天。

131. 兔维生素缺乏时有哪些症状？如何防治？

在家庭饲养条件下，家兔常喂大量青绿饲料，一般不会发生维生素缺乏。在舍饲和采用配合饲料喂兔时，尤其是冬春两季枯草期，青绿饲料来源缺乏，饲粮中需要补给的维生素种类及数量会大大增加。在高生产率条件下，如果日粮中不添加合成的维生素制剂，也可能出现维生素缺乏症。家兔容易缺乏的维生素主要是维生素 A、维生素 D、维生素 E 和维生素 K，而 B 族维生素缺乏在特殊情况下偶有发生。

维生素 A 缺乏症

维生素 A 对维持皮肤和黏膜上皮组织的正常功能是必需的。维生素 A 缺乏时，可能出现夜盲症、上皮细胞角质化、骨生长不良、繁殖机能损害等 50 多种症状。仔、幼兔多发生，常于冬末初春青绿饲料缺乏时发生。

[**防治**] 应多供给青绿饲料，如苜蓿草、绿色蔬菜、南瓜、胡萝卜、黄玉米等。妊娠期和哺乳期添加鱼肝油或维生素 A 添加剂，按每千克体重给予维生素 A 250 单位，可预防本病的发生。治疗时，每只兔用鱼肝油 0.5～1 毫升拌料口服；肌内注射或口服维生素 A，每千克体重 400 国际单位，连用 5 天。

维生素 D 缺乏症

维生素 D 主要作用是促进小肠对钙、磷的吸收，增加血钙、血磷浓度，利于钙、磷在骨中沉积。维生素 D 在兔体内合成，而在封闭兔舍的现代化工厂化养兔，特别是毛用兔需要比较高的维生素 D，

需由饲料补给。维生素D缺乏时可能患佝偻病，是幼龄动物生长骨板软骨骨化障碍及骨基质钙盐沉着不足的慢性代谢性疾病。临床上以生长发育不良、骨骼发育畸形和容易骨折为特征。

［**防治**］对兔给予充足的光照和适当的运动；调整钙、磷的比例；在日粮中补给蛋壳粉、骨粉、南京石粉等无机盐类。治疗时，每只兔口服鱼肝油1～2毫升；维生素D_3注射液2 000～3 000单位，肌内注射，连用5天。维生素A、维生素D注射液，每只兔每次肌内注射0.5～1毫升，连用3～5天；同时配合维丁胶性钙注射液每只兔每次肌内注射1 000～5 000单位，连用3～5天。或10%葡萄糖酸钙注射液每千克体重每次静脉注射0.5～1.5毫升，每天2次，连用5～7天。或内服磷酸钙1克、乳酸钙0.5～2克或骨粉2～3克，均可拌料饲喂。

维生素E缺乏症

维生素E对维持肌肉、血管、神经系统的正常机能不可缺少，与家兔生殖机能有关。缺乏维生素E的主要症状是心肌营养不良、肌肉变性、繁殖障碍和脑软化。饲喂不饱和脂肪酸多的饲料、日粮中缺乏苜蓿草粉或患球虫病时，易出现维生素E缺乏症。幼龄动物多发，往往与硒缺乏症并发。

［**防治**］平时应注意补充青绿饲料，日粮中添加大麦芽、苜蓿、植物油或α-生育酚。在低硒的地区应添加硒和维生素E，每千克饲料中硒达到0.1毫克、维生素E达到50毫克。必要时母兔怀孕后期肌内注射0.1%亚硒酸钠溶液1毫升。治疗：可肌注维生素E，用量按1 000单位/只，每天2次，连用2～3天；也可肌内注射亚硒酸钠、维生素E注射液，按0.5～1毫升/只，每天1次，连用2～3天。

维生素K缺乏症

维生素K重要功能是促进肝脏合成凝血酶原。一些研究表明，家兔肠道合成的维生素K可以满足正常生长需要，但是繁殖兔还需要日粮中补加维生素K。兔饲用缺乏维生素K的日粮会出现凝血机能失调和母兔流产。使用磺胺类或抗生素等药物、球虫病感染期及妊娠兔，一般需添加维生素K。

［**防治**］兔日粮中应添加青绿饲料或维生素K添加剂，不要给兔

长期服用抗菌药物。病兔可用10%葡萄糖30毫升加维生素K 1毫升（含维生素K 10毫克）静脉注射，同时在饲料或饮水中加维生素K添加剂。

B族维生素缺乏症

许多研究表明，家兔盲肠中的细菌合成的B族维生素和维生素C的数量高于日粮中含量许多倍，通过食软粪就可满足最低需要。但仍有研究发现，为了满足最大生长需要，需在日粮中添加B族维生素，其中包括维生素B_1、维生素B_2、维生素B_6、维生素B_{12}和胆碱。维生素B_1缺乏可引起食欲减退、消瘦、共济失调、麻痹。维生素B_2缺乏可引起生长缓慢、皮炎、脱毛、脱色。维生素B_6缺乏可引起公兔无精子、母兔空怀或死胎、子兔生长发育迟缓。维生素B_{12}缺乏可引起机体物质代谢紊乱、生长发育受阻、造血机能及繁殖机能障碍。胆碱缺乏可引起生长发育受阻，肝、肾脂肪变性，消化不良，运动障碍。

［**防治**］合理搭配日粮，饲喂全价饲料，添加青饲料、麸皮、麦芽、米糠、酵母、氯化钴等。当家兔发病时应饲喂维生素B复合制剂，或注射B族维生素。

第六章 兔常见病的类症鉴别

132. 兔以流鼻液为主的常见病有哪几种？怎样鉴别？

兔流鼻液常见于巴氏杆菌病、波氏杆菌病、葡萄球菌病、肺炎球菌病、感冒、支气管炎、兔痘，这些病的鉴别诊断及防治见表6-1。

表6-1 以流鼻液为主的兔病鉴别

病名	病原或病因	主要症状	病理变化	防治
兔巴氏杆菌病	巴氏杆菌	浆液性、黏液性或黏液脓性鼻漏	鼻漏从浆液性向黏液性、黏液脓性转化，鼻漏可引起鼻孔周围皮肤发炎，鼻窦和副鼻窦内有分泌物，窦腔内层黏膜红肿	链霉素、氟苯尼考、庆大霉素、磺胺类药物等
兔波氏杆菌病	支气管败血波氏杆菌	鼻腔黏膜充血，流出多量浆液性或黏液性分泌物，通常不变脓性	鼻腔黏膜、支气管黏膜充血，并有多量浆液性、黏液性或脓性液体，肺部有大小不一的脓疱，肝表面有黄豆至蚕豆大的脓疱	卡那霉素、氟苯尼考、庆大霉素、磺胺类药物等
兔葡萄球菌病	金黄色葡萄球菌	流出大量浆液性或脓性鼻液，在鼻孔周围干固结痂，打喷嚏	兔不同部位皮下和内脏器官有数量不等、大小不一的脓疱，内含浓稠的乳白色脓液	青霉素、红霉素、磺胺类药物
兔肺炎球菌病	肺炎双球菌	精神沉郁，减食，咳嗽，流黏液性或脓性鼻涕	气管和支气管黏膜充血及出血，管腔内有粉红色黏液性和纤维素性渗出物，肺部有大片的出血斑或水肿、脓肿，肝脓肿，脾脓肿	青霉素、红霉素、磺胺类药物等

（续）

病名	病原或病因	主要症状	病理变化	防治
感冒	因气候骤变，日间温差过大等多种原因致使兔抵抗力降低	轻度咳嗽，打喷嚏，流水样鼻涕	鼻黏膜发炎、红肿	抗生素
支气管炎	寒冷刺激、机械或化学因素刺激	咳嗽	支气管黏膜上显现斑点状或散在的黏稠分泌物，有时化脓性的分泌物覆盖其上，排出小泡样黏液，黏膜发红	抗生素
兔痘	兔痘病毒	眼睑炎，皮肤出现红斑性疹，流鼻液	皮肤、颜面、口腔、上呼吸道、肝、脾、肺等器官出现丘疹和结节	无特效药

133. 兔以流涎为主的常见病有哪几种？怎样鉴别？

兔流涎常见于传染性口炎、坏死杆菌病、大肠杆菌病、中毒性疾病，这些病的鉴别诊断及防治见表6-2。

表6-2　以流涎为主的兔病鉴别

病名	病原或病因	主要症状	病理变化	防治
兔传染性口炎	水疱性口炎病毒	流涎，口腔黏膜潮红，大小不等的水疱、烂斑及溃疡，逐渐消瘦	舌、唇及口腔黏膜发炎，形成糜烂和溃疡	平时注意预防，发病后用2%硫酸铜溶液洗涤口腔，直至痊愈
兔坏死杆菌病	坏死杆菌	流涎，唇、口腔黏膜及齿龈等发生坚硬肿块，以后坏死；有的病例颈、面部、颌下及胸前、四肢等发生皮下坏死性炎症	口腔黏膜及皮下脓肿	红霉素
兔大肠杆菌病	大肠杆菌	排出糊状稀粪或带胶冻样黏液和一些两头尖的干粪，体温升高，四肢冰冷，磨牙	胃膨大，充满大量液体，回肠、盲肠、结肠内充满黏液胶样粪便	氟哌酸、庆大霉素等抗生素，电解质多种维生素

（续）

病名	病原或病因	主要症状	病理变化	防治
中毒性疾病	毒物	流涎、腹泻，呼吸困难，神经症状，最后死亡	因毒物的种类不同而有差异	因毒物的种类采取相应的措施

134. 兔呼吸道出血常见于哪几种病？怎样鉴别？

兔呼吸道出血常见于兔瘟、兔巴氏杆菌病、兔肺炎球菌病、兔波氏杆菌病，这些病的鉴别诊断及防治见表 6-3。

表 6-3 以呼吸道出血为主的兔病鉴别

病名	病原或病因	主要症状	病理变化	防治
兔瘟	兔瘟病毒	体温升高，精神沉郁，数小时后体温下降，呼吸急促，惊厥，蹦跳，倒地抽搐尖叫而死	角弓反张，鼻孔流血；气管、肺出血。肝瘀血肿大、出血，呈土黄色，上有灰白色坏死物；肾瘀血、肿大，有出血点	紧急接种兔瘟疫苗
兔巴氏杆菌病	巴氏杆菌	体温升高，流浆液脓性鼻液，呼吸困难，结膜炎、鼻炎、中耳炎	无神经症状，肝不肿大，有灰白色坏死灶；肾不肿大；流浆液脓性鼻液，上呼吸道出血，有脓肿	链霉素、氟苯尼考、庆大霉素、磺胺类药物等
兔肺炎球菌	肺炎双球菌	体温升高，流黏液性或脓性鼻液，幼兔最易死亡	气管、支气管充血、出血，腔内有粉红色黏液和纤维素性渗出物，肺出血、水肿	青霉素、红霉素、磺胺类药物等
兔波氏杆菌病	支气管败血波氏杆菌	鼻流浆液性或黏液性分泌物，或黏液性脓性分泌物，打喷嚏	纤维素性胸膜炎，心包炎，肺部脓肿，上呼吸道充血，肝脏有黄豆大至蚕豆大的脓肿	卡那霉素、氟苯尼考、庆大霉素、磺胺类药物等

135. 兔呼吸困难、喘气的常见病有哪几种？怎样鉴别？

兔呼吸困难、喘气的常见病有兔巴氏杆菌病、兔波氏杆菌病、兔绿脓杆菌病、兔肺炎球菌病、兔肺炎克雷伯氏菌病、兔链球菌病，这些病的鉴别诊断及防治见表 6-4。

表 6-4 以呼吸困难、喘气为主的兔病鉴别

病名	病原或病因	主要症状	病理变化	防治
兔巴氏杆菌病	多杀性巴氏杆菌	体温升高，流鼻涕，咳嗽，呼吸困难	肺充血、出血、水肿，有绿豆大小的脓肿，心、肾、膀胱充血、出血，脾脏、淋巴结肿大、出血，肠黏膜充血、出血，肠腔内有黄色积液	链霉素、氟苯尼考、庆大霉素、磺胺类药物等
兔波氏杆菌病	支气管败血波氏杆菌	支气管肺炎症状	肺部有大小不等的脓疱，胸腔积液	卡那霉素、氟苯尼考、庆大霉素、磺胺类药物等
兔绿脓杆菌病	绿脓杆菌	喘气，体温升高，下痢，排血样稀粪	胸腔有大量的积液，肺出血、肿大，气管黏膜出血，心脏有出血点；腹腔有大量的积液；肝脏和脾脏均淤血、肿大、呈紫黑色；肾脏出血、肿大；肠道严重出血，内容物稀薄，呈紫黑色；胃内有少量食物，胃黏膜脱落，胃壁有少量出血点	头孢噻肟、头孢哌酮、壮观霉素、氟哌酸、环丙沙星、恩诺沙星等药物
兔肺炎球菌病	肺炎双球菌	体温升高，咳嗽，流鼻涕，有的兔突然死亡	肺部多处脓肿、大面积出血，局部水肿，心包、肺、胸膜粘连，肝、脾肿大	青霉素、红霉素、磺胺类药物等
兔肺炎克雷伯氏菌病	肺炎克雷伯氏菌	体温升高，精神沉郁，食欲减退，呼吸急促，幼兔剧烈腹泻	气管出血，气管内有少量泡沫样液体；肺充血、出血，有的出现化脓；肝瘀血、肿大，有少许灰白色的坏死灶；脾脏瘀血、肿大，边缘钝圆；肾脏呈土黄色；盲肠浆膜出血，充满大量的气体，肠内容物呈褐色糊状或水样	头孢噻肟、菌必治等药物
兔链球菌病	溶血性链球菌	体温升高、精神沉郁，不食，呼吸困难，下痢	脾脏肿大，肠黏膜弥漫性出血，肝、肾脂肪变性	青霉素、磺胺类药物等

136. 兔化脓性肺炎的常见病有哪几种？怎样鉴别？

兔化脓性肺炎的常见病有兔巴氏杆菌病、兔波氏杆菌病、葡萄球菌病、兔绿脓杆菌病、兔肺炎球菌病，这些病的鉴别诊断及防治见表6-5。

表 6-5　以化脓性肺炎为主的兔病鉴别

病名	病原或病因	主要症状	病理变化	防治
兔巴氏杆菌病	多杀性巴氏杆菌	体温升高，流鼻涕，咳嗽，呼吸困难	肺充血、出血、水肿，有绿豆大小的脓肿，心、肾、膀胱充血、出血，脾脏、淋巴结肿大、出血，肠黏膜充血、出血，肠腔内有黄色积液	链霉素、氟苯尼考、庆大霉素、磺胺类药物等
兔波氏杆菌病	支气管败血波氏杆菌	支气管肺炎症状	肺部有大小不等的脓疱，胸腔积液	卡那霉素、氟苯尼考、庆大霉素、磺胺类药物等
兔葡萄球菌病	金黄色葡萄球菌	全身各个部位都可发生，初期红、肿、热、痛，后期形成大小不等的脓肿	脓肿大小不等，脓汁呈乳白色或淡绿色	青霉素、红霉素、磺胺类药物等
兔绿脓杆菌病	绿脓杆菌	喘气，体温升高，下痢，排血样稀粪	胸腔有大量的积液，肺出血、肿大，气管黏膜出血，心脏有出血点；腹腔有大量的积液；肝脏和脾脏均瘀血、肿大、呈紫黑色；肾脏出血、肿大；肠道严重出血，内容物稀薄，呈紫黑色；胃内有少量食物，胃黏膜脱落，胃壁有少量出血点	头孢噻肟、头孢哌酮、壮观霉素、氟哌酸、环丙沙星、恩诺沙星等药物
兔肺炎球菌病	肺炎双球菌	体温升高，咳嗽，流鼻涕，有的兔突然死亡	肺部多处脓肿、大面积出血，局部水肿，心包、肺、胸膜粘连，肝、脾肿大	青霉素、红霉素、磺胺类药物等

137. 兔肠道出血的常见病有哪几种？怎样鉴别？

兔肠道出血的常见病有仔兔轮状病毒病、兔巴氏杆菌病、兔泰泽氏菌病、兔沙门氏菌病、兔大肠杆菌病、兔链球菌病、兔绿脓杆菌病、兔魏氏梭菌病、兔球虫病、兔弓形虫病，这些病的鉴别诊断及防治见表 6-6。

表 6-6 以肠道出血为主的兔病鉴别

病名	病原或病因	主要症状	病理变化	防治
仔兔轮状病毒病	轮状病毒	腹泻、昏睡，体温不高	小肠和结肠黏膜坏死、脱落，小肠充血肿胀，结肠瘀血，盲肠扩张	无特效药，对症治疗，如口服补液盐
兔巴氏杆菌病	巴氏杆菌	体温升高，流鼻液，腹泻，关节肿胀，结膜发炎	喉、气管黏膜充血，脾脏、淋巴结肿大、出血，肠黏膜充血、出血，胸腔内有黄色积液	链霉素、氟苯尼考、庆大霉素、磺胺类药物等
兔泰泽氏菌病	毛样芽孢杆菌	严重腹泻，粪便呈褐色、糊状或水样，脱水，眼球下陷	广泛脱水，盲肠、回肠后段和结肠前段的浆膜面充血，浆膜下有出血点，盲肠壁水肿增厚	土霉素等抗生素，配合补液
兔沙门氏菌病	沙门氏菌	突然发病，体温升高，腹泻，粪便带泡沫、白色或浅黄色黏液性	大多数内脏器官充血，有血凝块，胸、腹腔积液，病程较长的部分肠黏膜充血、出血，黏膜下层水肿，肝脏上有坏死灶	氟哌酸、庆大霉素、磺胺类药物，配合补液
兔大肠杆菌病	大肠杆菌	排出糊状稀粪或带胶冻样黏液和一些两头尖的干粪，体温升高，四肢冰冷，磨牙	胃膨大，充满大量液体，回肠、盲肠、结肠内充满黏液胶样粪便	氟哌酸、庆大霉素等抗生素，电解质多种维生素
兔链球菌病	溶血性链球菌	体温升高、精神沉郁，不食，呼吸困难，下痢	脾脏肿大，肠黏膜弥漫性出血，肝、肾脂肪变性	青霉素、磺胺类药物等

（续）

病名	病原或病因	主要症状	病理变化	防治
兔绿脓杆菌病	绿脓杆菌	喘气，体温升高，下痢，排血样稀粪	胸腔有大量的积液，肺出血、肿大，气管黏膜出血，心脏有出血点；腹腔有大量的积液；肝脏和脾脏均瘀血、肿大、呈紫黑色；肾脏出血、肿大；肠道严重出血，内容物稀薄，呈紫黑色；胃内有少量食物，胃黏膜脱落，胃壁有少量出血点	头孢噻肟、头孢哌酮、壮观霉素、氟哌酸、环丙沙星、恩诺沙星等药物
兔魏氏梭菌病	A 型魏氏梭菌	突然发病，急性下痢，排黑色水样或带血胶冻样粪便	盲肠、结肠浆膜出血，充满气体和黑绿色稀粪，胃黏膜出血、溃疡、脱落	魏氏梭菌高免血清、土霉素、磺胺类药物，配合补液
兔球虫病	兔球虫	腹泻、便秘交替出现，粪便带血，腹围增大	肠壁充血、出血，十二指肠扩张，肠壁增厚，小肠内充满大量的黏液，有的肠黏膜上有小而硬的结节	地克珠利、磺胺氯吡嗪钠、氯苯胍等
兔弓形虫病	弓形虫	体温升高，呼吸加快，有神经症状	肺、淋巴结、脾、肝、心等脏器出现广泛性的灰白色坏死灶及出血点，肠黏膜出血、溃疡，卡他性、纤维素性肠炎，肠黏膜出血	磺胺类药物

138. 兔腹泻的常见病有哪几种？怎样鉴别？

兔腹泻的常见病有兔魏氏梭菌病、兔大肠杆菌病、兔沙门氏菌病、兔球虫病、兔泰泽氏菌病、兔螺旋形梭状芽孢杆菌病、非病原性微生物引起的腹泻病，这些病的鉴别诊断及防治见表 6-7。

表 6-7　以腹泻为主的兔病鉴别

病名	病原或病因	主要症状	病理变化	防治
兔魏氏梭菌病	A型魏氏梭菌	急性下痢，水样泻，有特殊腥臭味	盲肠、结肠浆膜出血，充满气体和黑绿色稀粪，胃黏膜出血、溃疡、脱落	魏氏梭菌高免血清、土霉素、磺胺类药物，配合补液
兔大肠杆菌病	大肠杆菌	排出糊状稀粪或带胶冻样黏液和一些两头尖的干粪，体温升高，四肢冰冷，磨牙	胃膨大，充满大量液体，回肠、盲肠、结肠内充满黏液胶样粪便	氟哌酸、庆大霉素等抗生素，电解质多种维生素
兔沙门氏菌病	沙门氏菌	突然发病，体温升高，腹泻，粪便带泡沫、白色或浅黄色黏液性	大多数内脏器官充血，有血凝块，胸、腹腔积液，病程较长的部分肠黏膜充血、出血，黏膜下层水肿，肝脏上有坏死灶	氟哌酸、庆大霉素、磺胺类药物，配合补液
兔球虫病	兔球虫	腹泻、便秘交替出现，粪便带血，腹围增大	肠壁充血、出血，十二指肠扩张，肠壁增厚，小肠内充满大量的黏液，有的肠黏膜上有小而硬的结节	地克珠利、磺胺氯吡嗪钠、氯苯胍等
兔泰泽氏菌病	毛样芽孢杆菌	严重腹泻，粪便呈褐色、糊状或水样，脱水，眼球下陷。	广泛脱水，盲肠、回肠后段和结肠前段的浆膜面充血，浆膜下有出血点，盲肠壁水肿增厚	土霉素等抗生素，配合补液
兔螺旋形梭状芽孢杆菌病	螺旋形梭状芽孢杆菌	腹泻轻微，脱水不严重	盲肠内容物稀，呈黄褐色至黑色，臌气	磺胺类药物等，配合补液
非病原性微生物引起的腹泻病	饲养管理粗糙	水样腹泻	粪便稀薄，饲料未消化	改善饲养管理，减少精料或停喂精料，添加草料，配合补液

139. 兔的皮肤病有哪几种？怎样鉴别？

兔皮肤病常见的有兔疥螨病、兔痒螨病、兔体表真菌病及深部真菌病、营养性脱毛，这些病的鉴别诊断及防治见表 6-8。

表 6-8　兔皮肤病鉴别

病名	病原或病因	发病特点	主要症状	防治
兔疥螨病	疥螨	一年四季均可发生，以秋、冬季节及潮湿、饲养密度大时更易发生	兔的短毛处最易发生，如头部、脚，严重时全身发病，被毛脱落、奇痒、皮肤发炎、干涸、龟裂；刮取深部皮屑镜检，可看到螨虫	伊维菌素、阿维菌素等
兔痒螨病	痒螨	一年四季均可发生，以秋、冬季节及潮湿、饲养密度大时更易发生	耳部最易发病；从耳根到耳道，奇痒、发炎、化脓、结痂，神经症状；取皮屑、结痂镜检，可检查到螨虫	伊维菌素、阿维菌素等
兔体表真菌病	须发真菌、小孢子真菌等	各种年龄的兔都易感，以幼兔最易感，在潮湿、拥挤、饲养管理差时更易发病	首先在头部及附近皮肤出现铜钱大小的脱毛，呈灰白色、圆形、周边有粟粒状突起，有痒感；被毛脱落或不规则折断；病变的毛干镜检，可检查到真菌及其孢子	灰黄霉素、克霉唑、硝酸咪康唑、碘酊等
兔深部真菌病	曲霉菌属真菌	各种年龄的兔都易感，以幼兔最易感，通常经呼吸道传播，在兔舍阴暗、潮湿、梅雨季节、拥挤等最易发病	食欲减少、消瘦，呼吸困难，眼结膜肿胀，眼球发紫，衰竭死亡	灰黄霉素、克霉唑等
营养性脱毛	营养缺乏，主要是蛋白质、维生素 B 等缺乏	夏季、秋季多发，以成年兔和老年兔多发，通常为散发	皮肤无明显异常，在大腿、肩甲、头部等出现较为整齐的断毛，断毛后留下的毛茬约 1 厘米	饲喂全价饲料，补充蛋白质、氨基酸，添加青草等

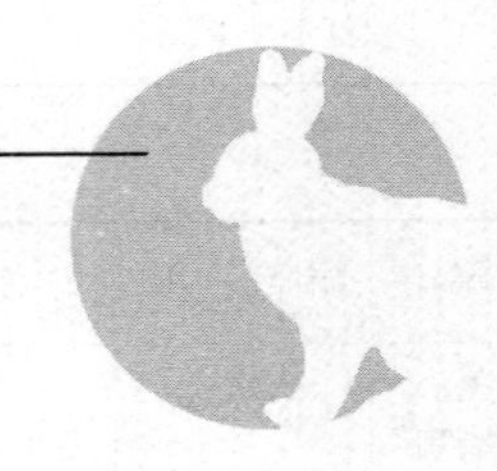

主要参考文献

董彝 . 2005. 适用兔病临床类症鉴别 ［M］. 北京：中国农业出版社 .
范光勤 . 2001. 工厂化养兔新技术 ［M］. 北京：中国农业出版社 .
耿永鑫 . 2002. 兔病防治大全 ［M］. 北京：中国农业科技出版社 .
梁宏德 . 2002. 兔病防治难点解答 ［M］. 郑州：中原农民出版社 .
马新武 . 2000. 肉兔生产技术手册 ［M］. 北京：中国农业出版社 .
庞本 . 1997. 实用养兔手册 ［M］. 郑州：河南科学技术出版社 .
孙效彪 . 2003. 兔病防控与治疗技术 ［M］. 北京：中国农业科技出版社 .
王子轼 . 2004. 兔场兽医 ［M］. 北京：中国农业出版社 .
徐汉涛 . 2001. 种草养兔技术 ［M］. 北京：中国农业出版社 .
徐立德 . 2001. 养兔法 ［M］. 北京：中国农业出版社 .
杨正 . 1999. 现代养兔 ［M］. 北京：中国农业出版社 .
张守发 . 2002. 肉兔无公害饲养综合技术 ［M］. 北京：中国农业出版社 .

图书在版编目（CIP）数据

兔病防控关键技术有问必答/王孝友，杨睿主编
.—北京：中国农业出版社，2017.1（2022.2 重印）
（养殖致富攻略·一线专家答疑丛书）
ISBN 978-7-109-21974-8

Ⅰ.①兔… Ⅱ.①王…②杨… Ⅲ.①兔病—防治—问题解答 Ⅳ.①S858.291-44

中国版本图书馆 CIP 数据核字（2016）第 188458 号

中国农业出版社出版
（北京市朝阳区麦子店街 18 号楼）
（邮政编码 100125）
责任编辑 武旭峰 黄向阳 刘宗慧

中农印务有限公司印刷 新华书店北京发行所发行
2017 年 1 月第 1 版 2022 年 2 月北京第 4 次印刷

开本：880mm×1230mm 1/16 印张：5.25
字数：158 千字
定价：16.00 元